AF250255

RÉVOLUTION

DANS LA

COMPTABILITÉ

OU

COMPTABILITÉ DE L'AVENIR

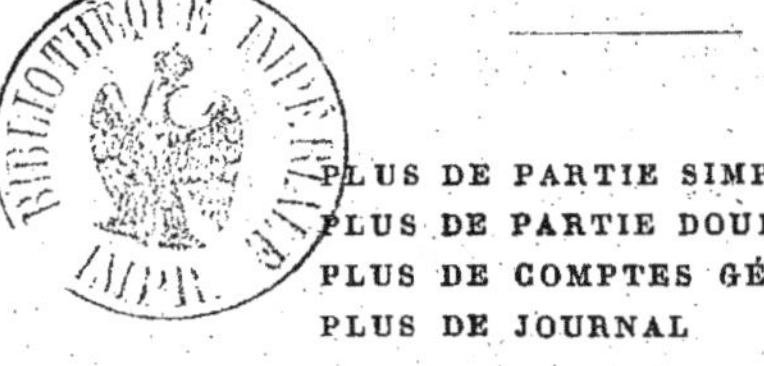

PLUS DE PARTIE SIMPLE
PLUS DE PARTIE DOUBLE
PLUS DE COMPTES GÉNÉRAUX
PLUS DE JOURNAL

Prix : 3 fr. 50 c.

PAR A^{te} BEAUCHERY

PLUS DES MÉTHODES : B. Joly, Cornet, Victor Doublet, Fédix, Prévostini, J.-P. Milton, F.-S. et Ortlier, L. Chevalier, A. Ridoux, L. Moulin-Collin, Garnier de Langres, A. Rion, L^s Deplanque, Jules Gravade, E. Sénécal, Ed. de Granges, J.-E. Queulin, P. A. Bochet.

PARIS

DESLOGES, ÉDITEUR DE LIVRES DE COMPTABILITÉ
52, RUE SAINT-ANDRÉ-DES-ARTS, 52

1865
1864

RÉVOLUTION
DANS LA
COMPTABILITÉ
ou
COMPTABILITÉ DE L'AVENIR

PLUS DE PARTIE SIMPLE
PLUS DE PARTIE DOUBLE
PLUS DE COMPTES OUVERTS
PLUS DE JOURNAL

ABBEVILLE. — IMPRIMERIE F. BRIEZ

DESCOUBS, IMPRIMEUR-LIBRAIRE DU CONSISTOIRE

AVANT-PROPOS

———

Dix-neuvième siècle :

Instant critique de notre ère sociale, moment douleureux pour l'humanité.

Pleine d'anxiété, elle assiste silencieuse à la transformation qui s'opère dans une de ses parties constituantes : qu'en adviendra-t-il?

Va-t-elle voir enfin se dégager l'inconnu qu'elle contient, de cette métamorphose? Va-t-elle voir s'exécuter le dernier progrès qu'elle attend?

L'ordre dans l'humanité.

Ou aura-t-elle le poignant spectacle d'une rétrogradation; seulement même d'une immobilisation?

Jadis elle espéra en la religion, en *Dieu* :

Car aux petits des oiseaux il donne la pâture;

mais elle s'aperçut enfin, qu'il avait oublié l'homme.

Faudra-t-il qu'elle attende : *qu'un meilleur vent souffle du ciel ou de la terre?*

Laissons le ciel, écoutons la terre.

Plus tard elle vit surgir la philosophie, renversa avec elle l'*esclavage*, traversa le *servage;* elle espéra alors en la philosophie : mais elle se trouve à nouveau impuissante, désespérée, devant le *prolétariat;* qui lui aussi *se plaisait bien au grand soleil, et sous les rameaux verts des chênes.*

Humanité, adresse-toi à l'enfer, à l'économie politique, à la science des comptes.

DÉDICACE

MONSIEUR PROUDHON, MONSIEUR DARIMON.

Permettez-moi de vous faire hommage de ces études : à vous, Monsieur Proudhon, comme témoignage de la reconnaissance d'un élève ; à vous, Monsieur Darimon, comme remerciement de l'*opinion favorable*, accordée à un débutant.

Je vous présente, Messieurs, l'expression de la plus haute considération.

A^{te} BEAUCHERY.

Comptable, teneur de livres,
Rue Bichat n° 12, Paris.

INTRODUCTION

Dès le début, afin que nul ne se trompe sur mes intentions; j'affirme que je viens faire une *révolution* complète dans la science, dite de la comptabilité.

Le travail que je soumets aujourd'hui à l'appréciation de mes conci-toyens; ne tend rien moins qu'à la solution du problème posé par la tenue des livres en partie simple, par la tenue des livres en partie double; c'est-à-dire leur synthèse.

Tout ceux qui auront un certain renom comme professeurs; seront pris à partie : toutes leurs erreurs de théorie seront dévoilées au grand jour; toutes leurs contradictions de pratique seront démontrées à qui voudra entendre.

« Là sera la punition infligée à mon outrecuidance; tout en formant la première partie de ces études. »

Ce que nous aura enseigné cet examen, sera réuni en un tout complet; qui fera mieux ressortir les principes nouveaux, d'après lesquels on aura à établir l'*égalité* dans les échanges.

« Cette fixation de base, sera la seconde partie de la solution, de la progression. »

Alors quand le De profundis dernier sera dit sur les vieux errements; lorsqu'il sera bien avéré que tous les systèmes, méthodes, traités, nou-veautés, simplifications, élucubrations; sont basés sur le néant : j'éta-blirai rationnellement :

LA COMPTABILITÉ DE L'AVENIR

« *Plus de partie simple; mais des écritures simples.* »
« *Plus de partie double; mais des écritures doubles.* »
« *Plus de comptes généraux; mais des livres généraux.* »
« *Plus de journal; mais une centralisation mensuelle.* »

ENTRÉE EN MATIÈRE

Le besoin d'instruction qui distingue notre époque, a fait surgir une légion de boutiquiers *anglais, espagnols, allemands* et *chinois* : — s'étant décerné le professorat, ils sont venus faire marchandise de leurs mensonges ; et on a vu prendre naissance à cette duperie scientifique :

ÉTUDES SANS MAITRE.

Mais avec la couardise qui distingue certaines professions ; ils se réservaient une échappatoire ; et ne délimitaient pas le nombre d'*années* qui devaient être consacrées à ces études.

Le boutiquier de la tenue des livres, sans égard pour la dignité qui devait présider à sa fonction ; a suivi un si bel exemple, mais il a voulu, en vrai marchand, enchérir sur cette réclame ; et ne se conservant aucune échappatoire ; il a annoncé des :

TENUES DE LIVRES APPRISES SANS MAITRE.

Plus

Apprises en 25 leçons

Comme s'il était réservé à la science exacte par excellence, calculatrice par nature, méthodique par tempérament, infaillible par destination ; de dépasser ses sœurs en précision d'ignorance, de charlatanisme et de mensonge.

C'est par cette catégorie que je commence la première partie de ces études.

TENUE DES LIVRES

COMMERCIALE, PRIVÉE ET AGRICOLE

SANS MAITRE

en 20 leçons

Par B. JOLY

Membre de l'Institut et de la Société Asiatique de France; nommé par le gouvernement, expert vérificateur de comptabilité; M. Joly nous prouvera une fois de plus, que le gouvernement n'a pas pour destination de choisir nos vérificateurs; qu'il s'arroge une aptitude dont il ne peut avoir la capacité.

Des brevets de supériorité provoquent la confiance du public : il serait donc convenable en ce cas comme pour tous les brevets, d'ajouter *sans garantie du gouvernement.*

SIMPLIFICATION : Telle doit être la devise de toute comptabilité

8ᵉ édition

Ce principe a fait espérer à l'auteur, la possibilité de démontrer la tenue des livres en 20 *leçons;* à moins que ce ne soit le cadre qu'il s'est imposé, qui lui ait fait ériger en principe, *la simplification.*

Quoiqu'il en soit nous allons examiner comment il se conformera à ce qu'il appelle une devise; et en plus comment il parviendra à se rendre *compréhensible;* car ajoute-t-il :

« Ceux qui ont entrepris de simplifier la science de la comptabilité »
« depuis le XVᵉ siècle; n'ont fait à quelque chose près que compliquer »
« cette étude, et la rendre *incompréhensible.* »

Disons, à priori; en partie double il n'y a qu'un seul auteur qui soit parvenu à se rendre compréhensible; mais ce n'est pas M. B. Joly.

MODÈLE DU BROUILLARD

```
————————— 1er Janvier —————————
Vendu à Paul 400 mètres drap de Sedan à 25 fr.
  l'un . . . . . . . . . . . . . . . . . . 10,000  »      10,000   »
————————— 2 dito —————————
Acheté à Lafontaine
   40 mètres drap à 20 fr. . . . . . . .     800  »
  410    »    toile à 5 fr. . . . . . .   2,050  »
   80    »    dentelle à 4 fr. 25 c. . .    340  »
  200    »    mousselines à 3 fr. 20 c. .   640  »       3,830   »
————————— 3 dito —————————
Acheté à André 196 balles de café à 8 fr. la balle
  payé comme suit :
En espèces . . . . . . . . . . . . . . .   520 96
Mon billet à son ordre au 1er novembre.  1,000  »
Retenu pour escompte 3 0/0 . . . . . . .    47 04       1,568   »
————————— 4 dito —————————
Payé à Lafontaine sa facture du 2 courant es-
  pèces. . . . . . . . . . . . . . fr.  3,830  »        3,830   »

                — Sic —                                19,228   »
```

APPLICATION DE LA DEVISE : SIMPLIFICATION

— Redressons ce Brouillard —

1° Le mois se place au haut de la page isolément, et avec l'année.

2° La date seule se place en tête de l'article, entre deux traits.

3° Le titre de l'article ne comporte avec lui aucun libellé.

4° Les marchandises doivent être accompagnées d'un n° d'ordre.

5° La somme totale ne se répète plus deux fois.

6° L'expression, dito, est inutile.

7° On ne fractionne pas les recettes et les paiements par centimes.

8° Les effets à ordre doivent être accompagnés d'un n° d'ordre.

9° *Les achats, les ventes, les recettes, les paiements,* ne s'inscrivent plus sur le *brouillard*.

MODÈLE DU JOURNAL

——— 1ᵉʳ *Janvier* ———		
Paul à Marchandises générales pour 400 mètres drap de Sedan à 25 fr. . . 10,000 »	10,000	»
——— 2 *dito* ———		
Marchandises générales à Lafontaine sa facture. . . . . fr. 3,830 »	3,830	»
——— 3 *dito* ———		
Marchandises générales à divers pour 196 balles de café à 8 fr.		
A caisse espèces données 520 96		
A effets à payer mon billet ordre André au 1ᵉʳ novembre. . . . . 1,000 »		
A profits et pertes pour escompte 3 0/0 . . . . 47 04	1,568	»
——— 4 *dito* ———		
Lafontaine à caisse pour solde de sa facture du 2 courant. . . . . fr. 3,830 »	3,830	»
— Sic —	19,228	»

DÉVELOPPEMENT DE LA DEVISE : COMPRÉHENSION

— Redressons ce Journal —

1º Le mois se place au haut de la page isolément, et avec l'année.
2º La date seule se place en tête de l'article, entre deux traits.
3º Les titres de comptes ne comportent avec eux aucun libellé.
4º Les *achats* ni les *ventes* ne se détaillent.
5º La somme totale ne se répète plus deux fois.
6º L'expression, dito, est inutile.
7º On ne fractionne pas les recettes et les paiements par centime.
8º Les effets à ordre doivent être accompagnés d'un nº d'ordre.
9º *Profits et pertes* est un non sens ; c'est *pertes et profits* qu'il faut.

APPENDICE A LA CRITIQUE DU BROUILLARD

Ce que nous avançons est confirmé par les meilleurs auteurs, par la pratique et qui mieux est en partie, et la plus importante, par M. Joly.

Nous disons (9° redressement du Brouillard :)

    les *achats,*

    les *ventes,*

    les *recettes,*

    les *paiements ;*

ne se portent pas sur le *Brouillard.*

Le professeur en 20 leçons enseigne (page 30) :

    la *tenue des livres auxiliaires,*

    livre de caisse,

    carnet d'échéance,

    facturier,

ce qui représente déjà les achats, les recettes, et une partie des paiements; puis, page 86 et 87, il donne des modèles du livre :

    de marchandises générales,

    d'effets à payer,

    de *profits* et *pertes,* et d'escompte;

ce qui achève de contenir, *sans l'usage du Brouillard,* toutes les opérations d'un commerce.

Il est donc mal venu après cette exubérance de livres *auxiliaires,* de préconiser l'usage du *Brouillard;* surtout lorsqu'il ajoute plus loin :

Par l'emploi de ces livres on peut supprimer le Brouillard.

Nous reconnaissons que *ses* livres sont mal distribués en leur modèle, nullement coordonnés dans leur ensemble; qu'il y a de beaucoup supérieur : nous n'avons voulu, pour le moment, faire ressortir que ce fait :

M. Joly confirme ce que nous avons avancé (p. 4) : les *achats,* les *ventes,* les *recettes,* les *paiements;* ne se transcrivent pas sur *un* brouillard.

APPENDICE A LA CRITIQUE DU JOURNAL

Ce que nous avançons est confirmé par les meilleurs auteurs, par la pratique, et qui mieux est en partie, dans ses hésitations, par M. Joly·

Nous disons (4° redressement du Journal) :

    les *achats,*

    les *ventes,*

ne se détaillent pas sur le *Journal.*

Le professeur en 20 leçons enseigne (page 30) : les articles qui forment le *Journal,* ne sont autre chose que la mise au net de ceux déjà passés au *Brouillard* ou aux livres *auxiliaires ;* de la rédaction desquels *on supprime tout ce qui est superflu.*

Nous sommes entièrement de cet avis.

Pourquoi alors, Monsieur, dans la rédaction de l'article du 1er janvier ; n'avez-vous pas supprimé les détails de la *vente* faite à Paul? Ils sont superflus.

Non, direz-vous ; leur suppression eut altéré le sens de l'article. — Bien : — Pour une vente.

Pourquoi, dans la rédaction du second article, avez-vous supprimé les détails de l'*achat* fait à Lafontaine ? Ils ne sont pas superflus alors.

Si, direz-vous ; leur suppression n'altère en rien le sens de l'article ; car nous avons à faire à un achat.

Vous ne m'échapperez pas, professeur sans principe ; car votre troisième article est un achat, et il m'apprend que vous avez acheté.

196 balles de café à f. 8 :

Ce qui conséquemment doit être superflu.

Reconnaissez que vos hésitations, peuvent grandement confirmer : que les *achats* et les *ventes* ne se détaillent pas sur le *Journal.*

Ne tergiversez pas en théorie ou en pratique, ni vous ni d'autres; car j'ai voué mon existence à la poursuite des faux initiateurs de la science en comptabilité; à l'extinction complète de leurs errements, et à l'exposition de leur ignorance.

« *Je veux trouver la science, et je la trouverai* : dussé-je pour cela » « chasser du sanctuaire; tous les faux prêtres, les faux savants. »

Le xixe siècle est prédestiné : il représente l'époque dans la vie de l'homme, où les rêves sont abandonnés; pour voir, savoir, apprendre, comprendre.

Hommes du xixe siècle, raisonnions.

« *En médecine, Raspail, est venu tout révolutionner. En économie* » « *politique, Proudhon, aura tout à l'heure, dit le dernier mot de la* » « *science nouvelle. En comptabilité, je les prends pour guides.* »

Si j'échoue dans mon entreprise; j'aurai au moins servi à mettre en question un sujet, tout d'actualité, de grande importance; et qui, Dieu me pardonne, depuis longues années, tend à croupir dans la fange de la routine, de l'empirisme, du caprice, de l'ignorance et de la suffisance.

Monsieur B. Joly je reviens à vous, et vais examiner votre modèle de grand livre ; mais auparavant nous allons devancer une observation que vous pourriez nous faire.

Les *carnets d'échéances* que recommande l'auteur ; ont été confondus par nous avec les livres d'*effets à recevoir* et d'*effets à payer*.

Non : nous ne confondons pas.

S'il avait été donné des modèles divisés par mois d'échéance ; nous aurions confondu ; mais comme il n'en a été donné que non divisés, et ne servant en conséquence que de livres d'enregistrement ; nous n'avons pas confondu.

C'est l'auteur qui a commis un pléonasme, car il fait double emploi !

MODÈLE DU GRAND LIVRE

DOIT.		Marchandises générales.		
1856 Janvier	2	A Lafontaine, achats divers	3,830	»
»	3	A divers 196 balles de café à fr. 8	1,568	»

		Marchandises générales	AVOIR.	
1856 Janvier	1er	Par Paul vente de 400 mètres de drap.	1,000	»

Nous retrouvons ici la même hésitation dans les règles ou les principes, que celle observée pour les détails des articles du Journal : au débit, du 2, achats divers, comme libellé, sans autre renseignement ; du 3, 196 balles de café à fr. 8 : au crédit, du 1er, également détails de la transaction ; mais sans renseignement : il y a le métrage ; mais pas de prix.

DOIT.		Caisse		

		Caisse	AVOIR.	
1856 Janvier	3	Par March⁹⁹ G¹⁹⁹ payé en espèces.	520	90
»	4	Par Lafontaine.	3,830	»

Nous ferons remarquer qu'étant au compte de *Caisse*, il est oiseux d'énoncer que Marchandises générales il était parfaitement inutile de libeller au débit ; achats divers, certainement ce n'est pas une *vente* : Le compte de Marchandises générales a à son

Marchandises et Lafontaine ont été payés en espèces : de même qu'au compte de et au crédit ; vente de, etc. : Le compte de Marchandises, doit, c'est qu'il reçoit ; Avoir, c'est qu'il a donné, et certainement ce ne fut pas un *achat*.

DOIT.		Paul de Meaux		
1856 Janvier	1er	A March⁹⁹ G¹⁹⁹, pour 400 mètres de drap.	1,000	»

		Paul de Meaux	AVOIR.	

Nous demanderons à l'auteur le prix de ces 400 mètres de drap ; et lorsqu'il nous Meaux vous avait acheté 10,000 mètres de drap, divisés en 500 pièces à 500 prix vente sur 500 lignes : est-ce possible ? J'ajouterai est-ce nécessaire ? à quoi ?

l'aura fait connaître ; nous l'enverrons à M. Pigier, qui lui dira : Mais si Paul de différents ; votre pratique vous commanderait, par antécédents, de détailler cette

MODÈLE DU GRAND LIVRE

DOIT. Effets à payer **AVOIR.**

Date	N°		Montant	
1856 Janvier	3	Par Marchandises générales mon billet ordre André, au premier novembre.	1,000	»

Toute personne ou tout compte qui reçoit, doit dit M. Joly avec tous les auteurs et professeurs en Comptabilité: or appliquant cette règle nous constaterons, que puisque *Marchandises générales* doivent, c'est qu'elles ont reçu : Mais quoi? Un effet à payer : non; c'est André qui l'a reçu. Pourquoi alors débiter le compte de Marchandises générales ?

DOIT. Profits et [Pertes] — Pertes **AVOIR.**

Date	N°		Montant	
1856 Janvier	3	Par Marchandises générales , escompte retenu.	47	04

Même observation pour l'écriture passée à ce compte : de plus nous demanderons à l'auteur s'il reconnaît le vice de cet agencement de titre *Profits et Pertes* : cet escompte retenu, libellé au-dessous et du côté du mot *Pertes*, indique nécessairement qu'en cette transaction il y a eu *Perte*; or c'est tout le contraire qui s'est effectué : il y a eu *bénéfice*. Soyez donc conséquent et dites à l'avenir *Pertes et Profits*.

DOIT. Lafontaine de Châlons **AVOIR.**

Date	N°		Montant	
1856 Janvier	4	A Caisse pour solde.	3,830	»
1856 Janvier	2	Par Marchandises générales , vente de divers objets.	3,830	»

Quels objets? Ma parole, vous apprendrez en 20 leçons, un terrible gachis, à messieurs vos élèves. Tout à l'heure vous avez démontré la pratique des *détails* pour les achats; plus les *prix*. Puis *logiquement* vous avez continué par la pratique des *détails* pour les ventes; mais sans les *prix*. Maintenant vous nous offrez comme modèle d'écritures au grand-livre; un achat sans *détail* ni *prix*. Vous arrêterez-vous dans vos tergiversations? Choisissez, entre ces trois manières de procéder; mais fixez votre choix. « Ici même règle que pour le *Journal* ; les *ventes et les achats ne se détaillent pas* au grand-livre : de plus nous ajouterons : *les numéros d'ordre doivent accompagner les effets reçus ou donnés.* »

INSTRUCTIONS

DEUXIÈME PARTIE

Une pratique mal délimitée, a rendu nécessaire à l'auteur de cette tenue de livres ; la démonstration de quelques principes théoriques : nous allons donc suivre M. B. Joly dans la voie où il s'engage ; dans ses *Instructions*.

« *La tenue des livres en partie double, dit-il, est sans contredit la* « *méthode la plus avantageuse, la plus claire et la seule infaillible.* »

Nous répondons à ces lieux communs adoptés :

INFAILLIBLE.   En quoi ?

        En ses résultats arithmétiques ? La partie simple offre, permet la même infaillibilité.

CLAIRE.   En quoi ?

        En ce principe servilement accepté, que *tout compte qui reçoit doit* ? La partie simple est supérieure en n'offrant comme principe, que : toute *personne qui reçoit doit*.

        La tenue des livres en partie double ; claire ? bonté divine !

AVANTAGEUSE. En quoi ?

        En ses résultats comptables ? Cela serait vrai si la classification des comptes, la détermination de leur valeur, et la reconnaissance de leur emploi avaient été admises, prises, faites ; mais tout cela est à faire, à établir, comme si de rien n'était.

Puis, quelle est la *méthode* la plus claire, la plus infaillible, la plus avantageuse, parmi toutes les *méthodes* publiées sur cette *méthode* ?

Est-ce celle de M. Doublet ou de M. Cornet, de M. Pigier ou de M. Joly, ou de tant d'autres ? car il est temps d'éclairer la question et de renseigner le commerce.

Mais deux motifs s'opposent à une réponse favorable à la solution cherchée.

Le premier prend sa source dans la paternité.

Le second dans la conviction de la supériorité.

Nous allons donc répondre pour tous : ce ne sera pas en choisissant, mais en répudiant.

« Il n'y a pas de partie double préférable l'une à l'autre : de plus »
« la partie double seule n'est rien, il lui faut la partie simple en par- »
« ticipation. »

La partie simple, est un mode de tenue de livres tronqué, inachevé ; ne représentant qu'une face de là proposition, qu'une unité, qu'un sujet sans objet, elle n'est rien.

La partie double, est un mode de tenue de livres surchargé, embrouillé, cherchant à représenter l'objet et le sujet, elle est arrivée, quoiqu'elle en fasse, et par opposition à la partie simple ; à une tendance objective des plus prononcée, c'est ce qui explique sa perpétuelle absorption du sujet, ce qui excuse sa mauvaise division en tant que comptes généraux ; et enfin ce qui entretient et soutient la croyance du sujet représenté par l'objet. Les comptes généraux représentent le négociant.

Au jour où nous parlons, c'est à qui fera montre de son engouement pour la partie double, c'est à qui ne communiquera de notions sur la partie simple, que par condescendance, par acquit de conscience.

A entendre messieurs les professeurs, la question est vidée à ce sujet, la critique épuisée, la discussion close. La partie double a résolu le pro- blème. Chaque auteur s'évertue à ressasser ce que ses prédécesseurs ont cent fois donné comme dernier mot de la science en comptabilité ; et cependant la première interrogation venue les mettrait tous sur les dents, et cela sans réponse acceptable.

Que sont et quels sont les comptes généraux ?

Nous prendrons note de la réponse de chacun, à cette question ; mais puisque c'est par la méthode de M. B. Joly que nous avons commencé notre critique ; écoutons, en premier lieu, ce qu'il dit dans *ses Instructions*.

Comptes Généraux.

—

Ce qu'ils sont ?
La représentation du *négociant*.
Quels ils sont ?

Caisse.
Marchandises générales.
Effets à recevoir.
Effets à payer.
Profits et pertes.

—

Très-bien : nous poserons maintenant cette autre question :
Que sont et quels sont les comptes particuliers ?

Comptes Particuliers.

—

Ce qu'ils sont ?
La représentation du *négociant*.
Quels ils sont ?

Mobilier.
Frais généraux.
Commissions.
Immeubles.
Actions.
Navires, etc., etc., etc.

—

C'est ce que répond cet auteur à cette seconde question. Examinons maintenant la valeur de cette classification, et ce qu'il faudra d'observation pour la réduire à néant.

Quoi légitime la qualification de *généraux*?

1° La *généralité* de renseignements que procurent ces comptes.

2° L'*impersonnalité* qui les caractérise, *il ne devrait y avoir que 4 comptes généraux*, si les frais généraux n'étaient que ceux de l'objet.

Quoi légitime la qualification de *particuliers*?

1° L'information *particulière* que procurent ces comptes.

2° L'*impersonnification* qui les régit.

Quoi peut guider dans cette épouvantable chaos?

1° L'objet *commercial*, les moyens *commerciaux*.

2° Le degré de coopération *commerciale*, les nécessités *commerciales*.

Mettons en pratique ces principes absolus.

Etant donné pour but la fondation d'une maison de commerce, dont la vente et l'achat de diverses marchandises formeront l'*objet*; on se demande quels comptes seront nécessaires, pour prouver un résultat, constater les transactions, légitimer une opération, certifier une amélioration, excuser une prétention; et on arrive à catégoriser en premier lieu.

MARCHANDISES GÉNÉRALES, l'*Objet du commerce*.

Puis cherchant à connaître les opérations subséquentes auxquelles donneront lieu les *achats* et les *ventes*, et se basant sur l'état actuel du *crédit*, des *échanges*, des *monnaies*; on est amené à les constater par :

CAISSE, EFFETS A RECEVOIR, EFFETS A PAYER

Les Moyens du Commerce.

Enfin comme l'objet commercial, MARCHANDISES GÉNÉRALES, ne peut opérer sa circulation, ne peut obtenir sa manutention; et les moyens commerciaux, CAISSE, EFFETS A RECEVOIR, EFFETS A PAYER, ne peuvent opérer leur circulation, ne peuvent obtenir leur manutention; sans l'aide d'une force étrangère, on est contraint à créer un compte de moyens.

FRAIS GÉNÉRAUX

Mais il est facile de remarquer, que si de déductions en déductions on parvient ainsi à former une série générale, complète ; il reste encore des *nécessités* commerciales à catégoriser : que si on obtient la nomenclature des fonctions *actives* ; il y a des fonctions *passives* qui réclament classification.

Car les masses inertes qui coopèrent bon gré mal gré, aux modifications de l'objet commercial ; et à la participation des moyens ; demandent aussi à être constatées, certifiées.

De là naît donc une seconde série.

Comme la première, absorbant la généralité des faits commerciaux, a reçu le nom de série générale ou *comptes généraux* ; la seconde, ne comprenant que quelques particularités du commerce, a mérité la dénomination de série particulière, ou *comptes particuliers.*

Ils se légitiment par la *nécessité* où se trouvent l'objet et les moyens *commerciaux,* de les employer.

Ce qui donne pour conséquence, que si les *comptes généraux* sont fixés à cinq, les *comptes particuliers* ne peuvent être limités en nombre : leur quantité dépendant de la *nécessité* commerciale. Ils peuvent être :

Immeubles.

Fabriques.

Navires.

Machines.

Mobilier.

Ustensiles.

Mais certainement ils ne seront jamais : *Frais généraux.*

Comment M. B. Joly a-t il pu intercaler un compte, dont la dénomination seule suffisait à donner l'idée de *généralité,* parmi les comptes particuliers.

Quoi légitime la qualification de *généraux* ?

1° La *généralité* de renseignements que procurent ces comptes.

2° L'*impersonnalité* qui les caractérise, *il ne devrait y avoir que 4 comptes généraux*, si les frais généraux n'étaient que ceux de l'objet.

Quoi légitime la qualification de *particuliers* ?

1° L'information *particulière* que procurent ces comptes.

2° L'*impersonnification* qui les régit.

Quoi peut guider dans cette épouvantable chaos ?

1° L'objet *commercial*, les moyens *commerciaux*.

2° Le degré de coopération *commerciale*, les nécessités *commerciales*.

Mettons en pratique ces principes absolus.

Etant donné pour but la fondation d'une maison de commerce, dont la vente et l'achat de diverses marchandises formeront l'*objet*; on se demande quels comptes seront nécessaires, pour prouver un résultat, constater les transactions, légitimer une opération, certifier une amélioration, excuser une prétention; et on arrive à catégoriser en premier lieu.

MARCHANDISES GÉNÉRALES, l'*Objet du commerce*.

Puis cherchant à connaître les opérations subséquentes auxquelles donneront lieu les *achats* et les *ventes*, et se basant sur l'état actuel du *crédit*, des *échanges*, des *monnaies*; on est amené à les constater par :

CAISSE, EFFETS A RECEVOIR, EFFETS A PAYER

Les Moyens du Commerce.

Enfin comme l'objet commercial, MARCHANDISES GÉNÉRALES, ne peut opérer sa circulation, ne peut obtenir sa manutention; et les moyens commerciaux, CAISSE, EFFETS A RECEVOIR, EFFETS A PAYER, ne peuvent opérer leur circulation, ne peuvent obtenir leur manutention; sans l'aide d'une force étrangère, on est contraint à créer un compte de moyens.

FRAIS GÉNÉRAUX

Journal

Poursuivons notre examen, *des instructions.*

« La loi veut que tout négociant ait un livre-*journal*; il doit être »
« *timbré*, sans rature ni surcharge; c'est le livre principal, il fait foi »
« en justice. »

M. Monginot lui répondra, page 419 :

« Loi du 20 juillet 1837, *art.* 4. A dater du 1er janvier 1838, il sera »
« ajouté 3 centimes additionnels au principal de la contribution des »
« patentes; pour tenir lieu du droit de *timbres des livres de commerce,* »
« qui en seront alors affranchis. »

M. Joly ne dit rien de la côte et du paraphe, et c'est seulement d'eux
qu'il avait à parler.

Grand-Livre

« *On résume* par date tous les articles qui appartiennent au même »
« compte ou à la même personne, de sorte que le négociant qui désire »
« connaître l'état de chaque compte ouvert au grand-livre, peut se sa- »
« tisfaire par la seule inspection du débit et du crédit. »

Axiôme désastreux, qui démontre combien est faible l'intelligence
comptable de nos professeurs.

On ne *résume* rien par date, Monsieur, ceux qui l'enseignent té-
moignent de l'absence complète de pratique: pour cela il y a deux
raisons.

La première est: que le négociant qui désirerait connaître l'état de
chaque compte ouvert au grand-livre, ne pourrait nullement se satisfaire par la seule inspection du débit et du crédit; car il n'y rencontrerait
que des agglomérations de chiffres parlant à l'œil, mais ne traduisant
rien à l'intelligence.

La deuxième : est que la pratique en est inexécutable ; car, dirait M. Pigier, l'inspection d'un compte vous fera reconnaître, je suppose, que son débit s'élève à la somme de 20,000 francs, et son crédit à celle de 15,000 ; vous aurez donc à en conclure, d'après votre théorie, que ce compte n'est plus débiteur que de 5,000 francs.

Erreur préjudiciable ; car le titulaire de ce compte vous est encore redevable des 20,000 francs. Les 15,000 francs qui sont à son crédit, faisant supposer acquit de cette somme, ne se composent que *d'effets non échus*.

Mieux :

Le compte de telle personne vous exposera un débit, s'élevant à la somme de 150,000 francs ; pareille somme au crédit : à l'un et à l'autre les expressions à *divers* par *divers* : cette inspection vous satisferait ?

Ruineuse erreur ; car non-seulement le crédit de ce compte se targue de 50,000 francs, de valeurs encore en circulation ; mais de plus elles se trouvent être un renouvellement : le débit vous surprend agréablement, par le chatouillement toujours doux à l'œil d'un négociant, d'une somme de 150,000 francs ; au lieu de sévèrement vous informer qu'il est bien temps d'être circonspect avec un pareil client.

Nous aurons à revenir, dans le courant de cet ouvrage, et cela plusieurs fois, sur cette question ; mais de telles théories, il faut l'avouer, donnent pour conséquence une si pitoyable pratique, que nous pouvons dès à présent reconnaître qu'elles contribuent pour beaucoup à éloigner de l'étude de la *comptabilité*, et à faire dédaigner la *tenue des livres*.

Nous aimons à croire, pour la réputation de M. Joly, que c'est *on réunit*, qu'il a voulu dire, et non *on résume* par date tous les articles appartenant à la même personne ou au même compte ; mais le travail de réunion s'exécute de lui-même.

Si, membre de société asiatique, cet auteur trouve que notre critique le poursuit avec trop d'acharnement, nous lui expliquerons que , dans l'exposition d'un sujet sérieux, nous détestons les jeux de mots.

Exemple, page 32 :

« On écrit à la page du *doit*, le *passif*, et à celle de *l'avoir*, *l'actif*; » « c'est-à-dire qu'on débite par le doit ce que le compte *doit*; et qu'on » « porte à *l'avoir* ce qui lui est *dû*. »

Ce galimatias paraît profond, et n'est qu'un jeu de mots, ou le signe de la plus profonde ignorance.

Il faut lire : Le *doit* d'un compte compose *l'actif* d'un négociant : *l'avoir* d'un compte sert à composer le *passif*, ce qui est tout le contraire.

M. Joly a voulu dire que par rapport aux personnes débitrices ou créancières d'une maison de commerce ; le *débit* de leur compte représente leur *passif*; le *crédit* du même compte représente leur *actif*.

Mais parlant de tel négociant dont il a à tenir les livres, que va-t-il s'occuper de *l'actif* ou du *passif* des débiteurs ou des créanciers de ce négociant.

— PRATIQUE —

DOIT OU PASSIF Comptabilité B. Joly.	AVOIR OU ACTIF Tenue des livres, B. Joly.
Marchandises générales. *Caisse,* *Effets à recevoir.* *Mobilier.* *Immeuble.* *Pierre Fontaine.* *Paul Chaisemartin.*	*Effets à payer.* *Jean Sanspeur.* *Jacques Barnabé.*

Voilà la conséquence de la théorie de ce professeur ; lorsque c'est tout l'opposé que la comptabilité donne pour résultat. Tous ces *doits* forment *l'actif* d'un négociant; ces *avoir* le *passif*.

Marchandises Générales

—

« On peut sans avoir recours à un *inventaire*, connaître les mar- »
« chandises *reçues*, celles *entrées*, celles qui *restent* en magasin. »

Où peut-on voir cela ?

Comment peut-on le savoir ?

Vous, Monsieur B. Joly, achetez pour 100,000 francs de marchandises de toutes sortes ; vendez-en pour 100,000 francs, que vous fera connaître votre compte de marchandises générales ?

Qu'il ne vous reste rien en magasin !

L'inventaire vous informera au contraire que vous possédez pour 25,000 francs de marchandises diverses.

Apprendrez-vous par le débit de ce compte la quantité de marchandises entrées ? La quantité de marchandises sorties par le crédit ?

Pas davantage !

Tenez, franchement, je conseillerais à la majorité des professeurs, avant de publier le moindre traité sur la tenue des livres, de bien étudier celui de M. Pigier. Cet auteur est leur maître à tous, et il leur apprendra, dans le cas où nous nous trouvons, qu'il doit être pratiqué des livres de *rendus.*

Mais retranchez la pratique *absolue* de ces livres ; et votre *débit* et votre *crédit* du compte de marchandises générales ne vous renseigneront en rien sur l'*entrée* et la *sortie* de vos marchandises ; surchargés, qu'ils seront, à chaque moment, de rendus faits à vous, de rendus faits par vous : puis viennent les contrepassements.

Il serait possible de connaître instantanément le bénéfice brut et net d'une période quelconque de transitions, ce que vous n'enseignez pas ; mais les quantités entrées, sorties, existantes : jamais.

Profits et Pertes

« On *débite* ce compte de toutes les pertes que l'on éprouve : on le »
« *crédite* de tous les bénéfices que l'on fait. »

C'est pourquoi tout professeur enseignerait rationnellement, s'il recommandait l'intitulé *pertes et profits* ; c'est pourquoi l'intitulé *profits et pertes*, tant de fois mis en cause par M. B. Joly n'a pas de sens, est un contre sens ; voici ce qu'il offre à l'étude de l'élève, à l'examen de l'infidèle :

PROFITS	PERTES
Perte, détérioration de mobilier. . . . . 2,500 fr.	*Profit*, plus value sur immeuble . . . . 5,000 fr.

Soutenez donc après cela, que la Comptabilité en partie double, est *claire*.

Capital

« Ce compte est le compte personnel du négociant ; en ouvrant ce »
« compte, on le *crédite* de la mise de fonds du négociant et des héri- »
« tages qui lui surviennent. »

« On le débite des pertes que l'on éprouve. »

On le *débite* des pertes que l'on éprouve, par quoi ?

Par le *crédit* ou l'*avoir* du compte qui fait éprouver cette perte.

On le *crédite* de la mise de fonds du négociant, par quoi ?

Par le *débit* ou le *doit* du ou des comptes qui se partagent cette mise de fonds.

Pourquoi alors, expert nommé par le gouvernement, avez-vous professé page 32, que l'on écrivait à la page du *doit*, au grand-livre, le *passif* ; à la page de l'*avoir*, l'*actif*.

Subdivisions des cinq comptes généraux

—

Il est logique que la *division* des comptes n'ayant pas été comprise par cet auteur, mieux que cela étant tout à fait lettre morte pour lui ; la subdivision qu'il appliquera à ceux qu'il dénomme, *comptes généraux*, sera fausse en tout point.

Là pourtant gît tout l'avenir de la *comptabilité*, de l'*organisation sociale*, de l'*ordre dans l'humanité*.

Là seulement seront trouvés les principes du *droit*, les limites du *devoir*, le criterium des *lois*, les moyens de l'*égalité*.

SUBDIVISIONS DU COMPTE DE MARCHANDISES GÉNÉRALES.

Compte de vin :
d° de marchandises en société ;
d° de marchandises en commission ;
d° de fabrique ;
d° de foire ;
d° de navire ;
d° de pacotille ,
d° de mobilier ;
d° d'immeuble.

—

M. Joly nous accordera bien un moment d'attention ?

Nous lui ferons remarquer que les deux derniers comptes, qu'il donne ici comme étant des *subdivisions* du compte *général* marchandises : il les a donnés, page 31, comme faisant partie de la *division* des comptes *particuliers*.

Cependant il faut prendre une décision, à défaut de principe : Sont-ce des *divisions* ou des *subdivisions* ?

Sont-ce des comptes *particuliers* ou *généraux* ?

Sont-ce des *subdivisions* particulières ou générales ?

Sont-ce des parties de *divisions* particulières ou générales ?

Mettons donc hors de cause, les comptes, *Mobilier* et *immeubles* ; puisque l'auteur ne peut nous renseigner sur la catégorie qui leur incombe : cela fait, il nous en reste encore sept, dont il faut vérifier les pouvoirs.

Pour y parvenir, reprenons notre définition, le critérium de certitude émis par nous, pour l'instruction comptable de tous les auteurs présents et à venir, page 15 :

Point de départ ; *objet commercial* :

Traduction comptable ; *marchandises générales* ;

Première *division* des *comptes généraux* : demandant pour *subdivision* tout ce qui a rapport à *l'objet commercial*.

Il faut d'une façon absolue se renfermer dans cette règle.

Donc.

SUBDIVISIONS DES COMPTES DE MARCHANDISES GÉNÉRALES.

Compte de vin ;
d°   de marchandises en société ;
d°   de marchandises en commission ;
d°   de fabrique ; navire ;
d°   de foire ; pacotille ;
d°   de marchandises chez un tel ;
d°   de marchandises rendues ;
d°   de frais de fabrication ;
d°   de subdivision des frais de fabrication.

—

Ici devrait trouver place le compte de *frais généraux* ; pour nous conformer à la pratique actuelle qui veut qu'il soit une *subdivision :* la différence consisterait, en ce que la plupart des auteurs ne l'indiquent que comme *subdivision* du compte *pertes et profits* ; et que nous, avec quelques professeurs meilleurs logiciens, nous le ferions connaître comme *subdivision* du compte *marchandises générales. Mais il se compose aussi de frais des moyens.*

Il faut bien se convaincre que si de mémoire de teneur de livres, il a été admis instinctivement *cinq comptes généraux*, c'est qu'ils doivent être. *Les frais généraux s'ajoutent aux marchandises ; ils n'en dérivent pas.*

SUBDIVISIONS DU COMPTE D'EFFETS A RECEVOIR.

Compte de grosse aventure à recevoir ;
d°   de dot à recevoir ;
d°   de rentes viagères à recevoir ;
d°   d'annuités à recevoir ;
d°   d'obligations hypothécaires ;
d°   d'effets à recevoir sur la France ;
d°   d'effets à recevoir sur la province ;
d°   d'effets à recevoir sur l'étranger.

—

SUBDIVISIONS DU COMPTE D'EFFETS A PAYER.

Compte de grosse aventure à payer ;
d°   de dot à payer ;
d°   de rentes viagères à payer ;
d°   d'annuités à payer ;
d°   d'obligations hypothécaires ;
d°   d'effets à payer de la France ;
d°   d'effets à payer de la province :
d°   d'effets à payer de l'étranger.

—

SUBDIVISIONS DU COMPTE DE PERTES ET PROFITS.

Compte de succession ;
d°   d'impositions ;
d°   d'intérêts ;
d°   d'escompte et rabais ;
d°   d'assurances ;
d°   d'échange ;
d°   de dépenses personnelles ;
d°   de frais de maison ;
d°   de loyer,
en un mot les gains et les pertes de toute nature.

Nous reprendrons encore nos principes et dirons : *moyens commer-ciaux.*

———

SUBDIVISIONS DU COMPTE D'EFFETS A RECEVOIR.

Compte d'effets à recevoir sur la France ;
    d°   d'effets à recevoir sur la province ;
    d°   d'effets à recevoir sur l'étranger.

Encore ces comptes, comme le reconnaît M. B. Joly, ne s'emploient que chez les banquiers.

Les autres, à part celui de *grosse aventure à recevoir*, n'appartiennent en rien aux comptes généraux commerciaux ; le compte de *grosse aventure* est une subdivision du compte marchandises générales.

—

SUBDIVISIONS DU COMPTE D'EFFETS A PAYER.

Quel est le but à atteindre ?
Le transport, l'échange de produits.
Quel est l'objet de ce but ?
Marchandises générales ou diverses.
Ici quels sont les moyens d'échange ?
Effets à payer.

Voilà ce qui est *commercial, social :* donc, tous les autres comptes sont à écarter, et à part celui de grosse aventure, sont *personnels*.

—

C'est : *frais généraux* qui doit être substitué à *pertes et profits*.

SUBDIVISIONS DU COMPTE DE PERTES ET PROFITS.

Succession : *(compte non commercial)*.
Impositions : *(subdivision de frais généraux)*.
Intérêts : *(compte particulier personnel)*.
Escompte et rabais : *(d° pour escompte)*.
Assurances : *(subdivision de frais généraux)*.
Echange : *(compte particulier personnel)*.
Dépenses personnelles : (compte personnel).
Frais de maison : *(subdivision de frais généraux)*.
Loyer :   *d°*
Puis : Commissions, courtages : *(subdivision de frais généraux)*.
De plus le compte de *pertes et profits*, n'entre pas dans les comptes généraux.

—

Nous arrêterons et fixerons ici l'attention du lecteur : nous en sommes à un point grave de la comptabilité:

On remarque certainement l'insistance que nous mettons à bien faire distinguer les comptes, en :

Comptes commerciaux, comptes personnels.

Il faut donc que d'une façon absolue cette distinction soit admise, et pour qu'elle ne soit ni omise, ni confondue avec la division acceptée communément par tous les professeurs ; nous en réunissons les divisions établies sur les nouvelles bases développées pages 15, 16, 17 et 18.

COMPTES COMMERCIAUX.

COMPTES GÉNÉRAUX COMMERCIAUX	COMPTES PARTICULIERS COMMERCIAUX
Marchandises générales. *Caisse.* *Effets à recevoir.* *Effets à payer.* *Frais généraux.*	*Mobilier industriel.* *Immeuble industriel.* *Navire, fabrique, grange.* *Ustensiles, machines.*

COMPTES PERSONNELS.

COMPTES GÉNÉRAUX PERSONNELS	COMPTES PARTICULIERS PERSONNELS
Capital. *Pertes et profits.*	Change, intérêts. Escomptes.

On doit mieux saisir maintenant cette classification, qui fait non-seulement distinguer les comptes *généraux* des comptes particuliers, mais encore reconnaître leur fonction commerciale ou personnelle.

Donc, au lieu d'une division en deux parties, comptes *généraux*, comptes *particuliers*, jusqu'à ce jour reconnue; nous en établissons une en quatre parties.

Nous distinguons en premier lieu :

<table>
<tr><td>L'OBJET</td><td>LE SUJET</td></tr>
<tr><td>Comptes commerciaux.</td><td>Comptes personnels.</td></tr>
</table>

Qui ont toujours été confondus par les auteurs, puis nous appliquons à chacun, deux catégories.

L'une *générale*, l'autre *particulière*, selon la tendance fonctionnelle, le mandat d'exécution.

Mais il appert de la pratique, que les grandes divisions qui composent chacune de ces catégories, sont insuffisantes à satisfaire les nécessités multipliées du commerce ; le besoin inquisiteur de divers renseignements ; l'importance d'avis discernés.

Aussi est-on amené à créer des parties de division, mieux dénommées, *subdivisions*.

Nous venons de passer en revue celles des comptes *généraux commerciaux*, et avons eu soin d'en écarter celles qui ne leur appartiennent pas ; mais les comptes *particuliers commerciaux* en possèdent aussi : de plus, les comptes *généraux* et *particuliers* personnels, sont susceptibles d'en appeler à leur aide.

Cependant si nous redressons, en passant, les principes erronés des professeurs de tenue des livres ; il ne nous convient pas encore, d'exposer tout-à-coup et tout au long, les nouvelles bases de la science : cela sera fait dans la seconde partie de notre travail, que nous appellerons : Travail de *recomposition*.

Néanmoins nous ne délaisserons pas cette question, sans dire quelques mots sur un compte dont M. B. Joly n'a pas soupçonné l'importance, puisqu'il n'en dit rien.

Dépenses personnelles

—

Qu'est ce compte, où le classer, qu'en faire?

Tous les auteurs répondront catégoriquement : *Frais généraux*. Pour légitimer cette classification, à part leur impossibilité de le fondre ailleurs, il y a une raison péremptoire.

Ils ne la donnent pas : ont-ils jamais donné une raison quelconque sur le pourquoi ou sur le comment d'*une règle*, *d'un principe*?

Je vais leur faire connaître ce qu'instinctivement ils pressentent : la raison en est qu'un négociant contribue fonctionnellement à la prospérité, à l'exécution d'une entreprise, tout aussi bien que l'employé ou les employés.

Or les émoluments accordés à celui-ci ou à ceux-ci, vont droit aux *frais généraux*; il est donc logique de porter les dépenses personnelles aux *frais généraux*.

Mais le négociant a le pouvoir et la tendance d'exagérer ses dépenses; conséquemment peut fausser un résultat d'inventaire : c'est-à-dire le compte de *marchandises générales* présentant le bénéfice brut; puis augmenté des frais généraux, le *bénéfice net commercial* : ce bénéfice net peut se changer en perte par les *dépenses personnelles*.

Il est donc urgent de bien distinguer ce compte, de ne plus le confondre avec les *frais généraux*; mais où le mettre?

Dans les comptes personnels, répondra-t-on, puisque vous-même en avez fait des catégories très-distinctes : j'y avais pensé. Mais en fin de compte, ces résultats personnels n'en tirent pas moins leur quintessence des comptes *commerciaux*; il faut donc pour celui-là une autre catégorisation.

En deux mots je vais la donner ; le *compte de dépenses personnelles* est hors cadre ; et quand tous les résultats sont acquis, il doit se déduire du *capital*.

Ici finissait la tâche de M. B. Joly, il ne l'a pas voulu, que Dieu le lui pardonne. Il nous semblait pourtant que de simplifications en simplifications, de clartés en clartés, il était suffisamment arrivé à juguler les praticiens tentés de l'imiter ; pour qu'il n'ait pas le désir d'exposer et de préconiser le *Journal grand-livre*.

Nous ne vous suivrons pas sur ce terrain, monsieur ; pas plus que tous vos confrères, vous n'avez su ce qu'il était, ce qu'il valait, ce à quoi il devait servir.

« *Ce n'est pas une méthode, c'est un moyen.* »
« *Ce n'est pas un système, c'est un mécanisme.* »

Ce moyen, ce mécanisme, accepté sans examen par les uns, rejeté avec dédain par les autres, n'a été compris de personne ; beaucoup de motifs le condamnent, et cependant un instinct social, pratique, honnête, milite en sa faveur.

Entre l'adoration exagérée et la critique irraisonnée, il y a de l'espace ; nous y intercalerons le raisonnement, la science : alors il sera évident pour chacun, que :

La tenue des livres en partie simple doit être conservée ;
La tenue des livres en partie double doit être pratiquée ;
Le système Journal grand-livre doit être utilisé

Mais pour l'auteur, dont à l'instant nous allons avoir fini la critique, on est grandement autorisé à avancer que c'est pour se conformer à sa devise : *simplification*, et à son leurre : *tenue des livres* en 20 leçons, qu'il a cédé à la tentation du Journal grand-livre.

Cependant dans cette devise et dans cette adoption, ou a-t-il pu trouver l'inspiration d'enseigner à ses élèves : *Que le solde des colonnes qui se trouvent sur la page droite, pour représenter les comptes généraux, est d'accord avec l'argent en caisse, les marchandises en magasin, etc.* Ou a-t-il appris et comment peut-il enseigner un tel *non sens*.

D'accord avec les *marchandises en magasin :* parbleu, si c'est moi qui suis dénué de toute connaissance, de toute pratique, M. B. Joly m'en donnera bien la preuve.

Hélas !

Il aurait au moins dû avoir la pudeur de ne pas se donner un démenti.

Son *Journal grand-livre*, page 71, donne au débit du compte de *marchandises*, la somme de francs.   74,895   »

Au crédit du même compte, la somme de francs . .   31,000   »

Différence ou solde, francs. . .   43,895   »

Voilà donc le chiffre des marchandises en magasin.

Ce n'est pas vrai:

L'inventaire rendra compte de francs 50,000.

Que de plus courageux accompagnent l'auteur ; pour nous, nous l'abandonnons.

Maintenant qu'il a réduit la tenue des livres à sa plus simple expression, lui qui n'en sait pas le premier mot; qu'il l'a mise à la portée de toutes les intelligences, lui qui a embrouillé toutes questions, toutes notions : Commerçants, faites faillite ; société, contrôle si tu peux.

Adieu.

MONSIEUR CORNET

MÉTHODE CORNET

TENUE DES LIVRES, MISE EN *BALANCE PERPÉTUELLE*

M. Cornet, *secrétaire* de M. le comte de Ruolz :

Professeur au collège arménien Moorat.

Professeur à l'association polytechnique.

Expert, vérificateur ; enfin :

membre de plusieurs sociétés savantes, provoque de la part du public, confiance dans sa méthode par sa *mise en balance perpétuelle* ; certitude dans son talent par toutes les fonctions qu'il remplit ; clarté dans son exposition par les titres d'expert, vérificateur, qui lui ont été décernés.

De plus, *inspecteur général des chemins de fer de France*, il donne lieu d'espérer que l'expérience acquise par l'étude sur une si vaste sphère d'action, procurera un travail sérieux sur la comptabilité.

L'examen de sa méthode pourra seul nous le faire savoir.

Nous avons cependant à avertir le lecteur que presque tous les auteurs réunissant les mêmes erreurs ; nous ne réitérerons pas nos critiques, à moins d'urgence : nous nous contenterons quelquefois de les signaler, mais il arrivera souvent que nous n'en parlerons même pas. Car nous cherchons des critiques pour en dégager la vérité ; mais nous ne cédons nullement au vain plaisir d'attaquer les professeurs.

En conséquence, que tel ou tel vice de théorie ou de pratique ne se trouve pas signalé par nous chez un maître, il faudra s'en prendre le plus souvent à notre sobriété de redite, plutôt qu'à leur supériorité.

Nous avons demandé à M. B. Joly, qu'il veuille bien nous dire qu'elle était dans la tenue des livres en partie double ; la méthode, la plus claire, la plus infaillible, la plus avantageuse.

Il nous a répondu que sa méthode était la plus claire.

M. Cornet, lui, nous apprend que sa méthode est des plus simple, (page 5).

On a pu apprécier si le premier prouvait sa prétention ; on appréciera la simplicité de la *méthode Cornet*.

En premier lieu définissant la *partie double,* lui aussi ne reconnaît à cette méthode de titre à cette appellation, que par cause des *comptes généraux ;* lui non plus n'a pas aperçu le vide de cette définition, il n'a pas reconnu l'instinct supérieur qui a poussé l'homme à opposer l'*objet* au *sujet,* la *société* à *l'individu,* le *général* au *particulier ;* et qui s'est traduit en comptabilité par l'intronisation des comptes *généraux.*

« De plus, ajoute-t-il, la partie double donne à tout commerçant la »
« faculté de connaître *instantanément,* pour ainsi dire, le chiffre de ses »
« affaires. »

Qu'a-t-il voulu dire par cette explication ?

Donne-t-il pour pratique l'usage *d'un* brouillard ?

Oui !

Enseigne-t-il ensuite la passation des articles sur le Journal ?

Oui !

Réserve-t-il la confection du Grand-Livre pour terminer ?

Encore oui !

Que vient-il donc sentencieusement énoncer ce qui n'est pas vrai par sa méthode, ce qu'il ne peut prouver.

Maintenant j'ajouterai : Point n'est besoin de la *partie double* pour qu'un négociant connaisse *instantanément* le chiffre de ses affaires, la *partie la plus simple* suffit.

Mais ce qui dès le début vient davantage faire douter de la simplicité de la méthode de M. Cornet, c'est la signification qu'il applique aux *Comptes généraux*, c'est le classement arbitraire qu'il leur impose.

<table>
<tr>
<td>

Toute entrée de marchandises, d'espèces, d'effets à recevoir, d'effets à payer, de mobilier, d'immeubles, de pertes ou frais généraux provenant des escomptes, rabais et frais divers, constitue un débit.

Donc les mots doit, débit ou entrée, sont synonimes du mot, *passif.*

</td>
<td>

Toute sortie de marchandises, d'espèces, d'effets à recevoir, d'effets à payer, de mobilier, d'immeubles, de profits provenant des escomptes, rabais, etc., etc., que l'on nous fait, constitue un crédit.

Donc les mots avoir, crédit ou sortie, sont synonimes du mot, *actif.*

</td>
</tr>
</table>

Après ce qui a été expliqué précédemment, que dites-vous, lecteur, de ces conséquences ?

Doit, débit, entrée, signifiant même chose pour les marchandises qui entrent en magasin que pour les rabais, qui sont des entrées en moins.

Avoir, crédit, sortie, désignant même opération pour un effet à payer que l'on souscrit que pour les escomptes obtenus, qui sont des sorties en moins.

Escomptes, rabais, se mêlant aux frais généraux, et le tout s'englobant dans les pertes ou profits, comme si les frais généraux se composaient d'escomptes et de rabais, et comme si ils étaient des pertes.

Doit, débit, entrée, parvenant à être synonime de passif; alors que si M. Cornet rencontrait la bonne fortune d'un héritage de 50,000 francs, il se hâterait de transcrire cette recette au *doit, débit,* entrée de son compte de caisse, et en formerait son actif.

Avoir, crédit, sortie, légitimant de même l'actif.

Public que l'on berne avec de pareilles billevesées, que dis-tu de cela ? Voyons, parle, juge, peuple souverain.

Si nous avions eu l'honneur d'être admis dans les conseils de l'auteur, toute notre éloquence eût été employée à le détourner de l'enseignement de la tenue des livres ; tous nos raisonnements n'eussent eu pour but que de lui faire circonscrire sa sphère d'activité, dans des fonctions de secrétaire et d'inspecteur général de chemins de fer.

C'est un professeur condamné, que celui qui invente de pareilles conséquences.

Mais si elles étonnent, elles ne sont cependant qu'une infinie partie du labyrinthe inextricable dans lequel il s'engage : si elles stupéfient, il ne faut pas cependant espérer que tout-à-l'heure il redressera par un retour sur sa théorie, toute l'inconséquence de ses déductions. Il la confirmera. Voyez-le à l'œuvre.

LIVRE DES INVENTAIRES

L'inventaire se résume en deux mots : *actif, passif.*

PASSIF	ACTIF
Le passif est toujours écrit au doit ou débit des comptes généraux ou particuliers, parce qu'ils sont censés avoir reçu des valeurs dont le passif se compose.	*L'actif est toujours écrit à l'avoir ou crédit des comptes généraux ou particuliers, parce qu'ils sont censés donner des valeurs dont l'actif se compose.*
Le passif *comprend donc :*	*L'*actif *comprend donc :*
Les effets à payer.	Les marchandises, les espèces,
Les divers créditeurs.	les effets à recevoir, les divers débiteurs.

Au moins s'il persiste dans son erreur et cherche même à la renforcer par ces explications sur l'établissement d'un inventaire, il vient, en réduisant à l'absurde ses principes, faire crouler tout l'édifice qu'une conception mort-née avait pu seule lui faire imaginer.

« Le passif est toujours écrit au *doit* ou *débit* des comptes généraux »
« ou particuliers ; exemples :

> « *Les effets à payer.* »
> « *Les divers créditeurs.* »

Et les *effets à payer* ne présentent à l'inventaire qu'un *crédit* :

Et les divers *créditeurs*, sont sons doute ainsi dénommés parce que leurs comptes ne se composent que de crédits.

« L'*actif* est toujours écrit à l'*avoir* ou *crédit* des comptes généraux »
« ou particuliers ; exemples :

> « *Les marchandises.* »
> « *Les espèces.* »
> « *Les effets à recevoir.* »
> « *Les divers débiteurs.* »

Et les comptes de *marchandises*, de *caisse*, d'*effets à recevoir* n'offrent à l'inventaire que des *débits*.

Et les divers *débiteurs* ne sont sans doute pas ainsi nommés pour les *crédits* qui les composent.

Que signifie tout cela ?

Ignorance, suffisance ou jactance.

Avais-je tort de proposer un jour au président de l'association politechnique, M. Perdonnet, de démontrer en séance publique, que M. Cornet dans ses cours, induisait les ouvriers en erreur. On n'a pas accepté ma démonstration publique, je la fais particulière.

Mais si de cette appréciation des *comptes généraux*, et avant d'examiner ce que ce professeur enseigne du *Brouillard,* du *Journal,* du *Grand-Livre,* nous lui demandons si c'est la partie simple ou la partie double qu'il préfère, si c'est la partie simple ou la partie double qu'il professe : alors nous le voyons jongler en partie simple et en partie double.

Protée insaisissable dans une forme, une méthode, un genre, une idée, une règle, un principe ; il fait surgir l'idée d'un comptable hermaphrodite ; *preuve :*

Inventaire.

—

AVOIR, *divers à capital.*

    Avoir, expression de la partie simple.

    Divers à capital, termes de la partie double.

AVOIR, *contre espèces mon n° 1 ordre Bayen.*

    Indication et libellé de la partie simple.

DOIT, *caisse pour vente au comptant.*

    Titre et terme de la partie double.

DOIT, *Samuel ma facture de ce jour.*

    Partie simple.

AVOIR, *Capital de profits et pertes ; pour bénéfice net.*

    Avoir, partie simple.

    Capital, profits et pertes, partie double.

    Capital de profits et pertes, partie trouble.

Cela suffit : à bon entendeur salut.

Dans quel système de tenue des livres sommes-nous ?

BROUILLARD, JOURNAL, GRAND-LIVRE

Brouillard

—

M. Cornet pose en principe l'impraticable et pernicieux usage *d'un seul* Brouillard.

L'emploi qu'il fait des livres auxiliaires, eût dû l'amener à substituer ceux-ci à celui-là ; la moindre pratique dans une maison de commerce, même d'un rang secondaire, lui aurait infailliblement démontré ; que l'inscription des ventes donne naissance à une fonction *spéciale* ; conséquemment à une division *spéciale* du *Brouillard* primitif.

Il aurait appris qu'il y a, qu'il y faut un caissier, dont la fonction réclame une seconde division *spéciale*, du *Brouillard* de nos pères ; qui puisse permettre d'examiner facilement la quantité des recettes et des dépenses, et alors de vérifier la concordance des espèces avec les chiffres.

Enfin pas à pas il eut été conduit à diviser le *Brouillard* par spécialité *d'opérations*, et en autant de parties que *d'opérations*.

Mais s'il devait s'empêtrer dans ce bourbier, dit *Brouillard* ; était-il donc nécessaire qu'il vint y donner l'exemple de suppressions fâcheuses ; le modèle d'expressions inutiles, de détails oiseux, embarrassants.

Etait-il utile qu'il y enseignât ; tantôt l'accompagnement des *effets* par leurs numéros, tantôt le délaissement de ces mêmes numéros : était-il urgent de porter les chiffres d'un compte à un autre compte, de se servir des expressions de la partie double, et d'y transcrire l'inventaire.

Journal

—

Nous n'avons pas à nous étendre longuement sur ce livre : ordonné par la loi, forcément accepté par les auteurs et professeurs ; il n'y a pas pour le moment à le remplacer, le modifier.

La critique *actuellement* se restreint donc, à son sujet, à l'examen de la passation des articles.

Cette passation a divisé les maîtres de la science en trois camps.

Le premier se compose des partisans serviles de la lettre, par suite de la pratique primitive *d'un* Brouillard : ils inscrivent sur leur *Journal* article par article, opération par opération.

Le second comprend ceux qui, ayant plus profondément pénétré dans les faits et gestes du commerce ; par suite qui ayant reconnu la nécessité de *plusieurs* Brouillards, se permettent de transcrire les opérations de caisse, par exemple, sur leur *Journal*, en bloc par quinzaine ou mensuellement. Ce second mode a pour tendance de faire entrer dans la pratique, la mise au net des écritures non *journellement*, mais *mensuellement*.

Le troisième camp renferme les praticiens débordés par la prescience économique ; et qui acceptant la *division du travail*, enseignent la composition du livre *Journal* mensuellement, par *catégorie* d'opérations : ils entrent alors hardiment et entièrement, dans le système d'inscription sur des *Brouillards* appropriés à la transaction.

Livres de ventes, d'achats, de recettes et paiements, etc., etc.

C'est dans cette sphère que se débattent les initiateurs à la science comptable : c'est tout ce qu'il est permis de découvrir par la confrontation des diverses méthodes.

Mais il appert de ces trois degrés, de ces trois phases du progrès :

Que le 1er mode n'est praticable aujourd'hui que dans des établissements commerciaux, aux transactions très-restreintes ; et que demain il sera relégué aux antiquailles.

Que le 2me ne forme qu'un juste milieu qui ment au premier, se dérobe au 3me et qu'il n'est qu'une transition, qu'un éclectisme.

Que le 3me seul permet les nouvelles données économiques ; répond aux effrayantes exigences de notre génération enfiévrée : mais il se condamne par une mise à jour illusoire, du *grand-livre* : celui-ci forcé d'attendre la confection *mensuelle* du *Journal*, pour parvenir à sa composition, ne vient témoigner de la situation de tous et de chacun, que longtemps après l'accomplissement des faits.

C'est alors que pour légitimer cette progression, et obvier à cet inconvénient, se dresse *M. Pigier* ; et que de toute l'autorité d'un savant praticien, il dit : Cette troisième phase est le terme du progrès ; mais pour lui conserver toute son efficacité, il faut à l'avenir transcrire directement les articles, des *Brouillards* sur le *Grand-Livre* : la confection du *Journal* aura lieu mensuellement par catégories d'opérations ; et ne servira qu'à la composition des *comptes généraux*.

Voilà l'analyse la plus rationnelle de la situation dans laquelle se trouve aujourd'hui la tenue des livres.

Mais si en tant que livre imposé par la loi, il n'y a rien à dire *pour le moment*, sur le journal ; si il n'y a qu'à bien faire reconnaître les diverses modes de passation que nous venons d'exposer, de classer : encore est-il inutile d'y fausser les écritures.

C'est cependant ce que se permet M. Cornet dans sa méthode des plus simple; que serait-ce si elle était des plus compliquée?

Page 28, il dit:

« *Nous payons à Gauthier, propriétaire, pour loyer d'avance,* »
« *f.* 2000. = »

D'après la règle de ces Messieurs ; tout compte qui reçoit, doit ; nous avancerions : Gauthier reçoit donc il doit, la caisse fournit les espèces donc il lui est dû ; ou :

Gauthier à caisse.

Point : M. Cornet ne le veut pas ainsi et il traduit :

FRAIS GÉNÉRAUX À CAISSE

Cette modification est de peu d'importance dira-t-il? En effet sa manière d'opérer porte au *passif* la somme de f. 2000 = , alors qu'elle doit être à l'*actif* : différence f. 4000 =. Elle pourrait être de f. 10000. =

Le loyer courant est une charge trimestrielle, qui a à se classer parmi les frais généraux ; mais les six mois de prévision et de provision, n'ayant à être absorbés qu'à l'écoulement de 3, 6, 9 années et plus ; ne doivent figurer aux *frais généraux* qu'à l'échéance des 3, 6, 9 années, ou plus.

Ceci est élémentaire.

Grand-Livre

—

Il faut reconnaître et admettre pour ce qui concerne le commerçant, que si dans sa comptabilité il désire posséder des résultats ; si il est satisfait de pouvoir la contrôler par elle-même ; il trouve qu'elle remplit plus complètement son but :

= En portant à sa connaissance la situation de chacun des comptes ;
= En lui faisant décomposer cette situation en détail ;
= En la lui soumettant instantanément.

C'est le but que doit atteindre le livre diviseur, intitulé Grand-Livre.

Mais ce qui importe n'est pas ce qui s'obtient.

La réglure de ce livre est tronquée, sa distribution comptable écourtée ; l'espace y manque. Et ce qu'il y a de plus désastreux, c'est que si le négociant n'y rencontre que d'insipides réunions de chiffres ne lui apprenant rien, ne le renseignant sur rien ; il ne pourra appeler à son aide pour parvenir à leur définition ; que de stupides formules qui achèveront d'abrutir son intelligence.

Or le Grand-Livre c'est la *vie ou la mort.*

Suspendre ou arrêter un crédit,
le maintenir ou l'étendre,
trouver des ressources d'échéances,
des moyens d'escompte, des raisons d'intérêts :

cela et la surveillance *des moyens* ; cela et mille autres urgences : voilà ce qu'on doit y trouver, voilà ce qu'on ne trouve pas.

MODÈLE OFFERT PAR M. CORNET

Samuel

1857 Mai 5	5	à Marchandises	2	5,600	»	1857 Mai 9	18	Par Divers	3	5,600	»

Destrem

1857 Mai 9	12	à Divers	3	10,040	»	1857 Mai 10	19	Par B^{ce} de sortie	4	10,040	»
— 11	1	à B^{ce} d'entrée	4	10,040	»						

Moreau

1857 Mai 10	19	à B^{ce} de sortie	4	10,000	»	1857 Mai 1er	1	Par Capital	1	10,000	»
						1857 Mai 11	2	Par B^{ce} d'entrée	4	10,000	»

Chambard

1857 Mai 10	19	à B^{ce} de sortie	4	8,780	»	1857 Mai 7	9	Par Marchand^{es}	2	8,780	»
						1857 Mai 11	2	Par B^{ce} d'entrée	4	8,780	»

Bataille

1857 Mai 9	11	à Divers	2	784	60	1857 Mai 1er	2	Par Capital	1	784	60
— 10	19	à B^{ce} de sortie	4	4,000	»	— 7	9	Par Marchand^{es}	2	4,000	»
				4,784	60					4,784	60
						1857 Mai 11	2	Par B^{ce} d'entrée	4	4,000	»

Et quand de *Balances d'entrée* en *Balances de sortie*, le négociant aux abois cherchera une issue, il faudra qu'il se fraie un passage à travers les : *A divers*, par divers ; s'il murmure, s'il regimbe contre cette comptabilité qui le met à la torture, qui n'est pas faite pour lui ; on lui répondra :

Voilà la science.

> *Heureux commerçant,*
> *Heureux professeur,*
> *Heureuse comptabilité.*

Je ne connais pas M. Cornet ; j'ai voulu un jour pratiquer sous sa direction, il n'a pas daigné m'entendre ; mais il me semble que ce Monsieur doit être de petite taille, qu'il doit avoir la poitrine peu développée, posséder des appareils aspirants et expirants d'une médiocre capacité ; car, m'est avis, que s'il en était autrement il étoufferait dans son grand-livre.

A l'avenir pour le bien de ses élèves, la satisfaction du négociant, l'efficacité de la science des comptes, voici ce que nous lui conseillons d'enseigner.

Les comptes ouverts d'un grand-livre, doivent être mis à l'aise dans leur division en débit et crédit ; par la consécration absolue qui doit leur être faite :

> *d'un verso pour leur débit,*
> *d'un recto pour leur crédit.*

Ils doivent contenir tous les détails, dépeignant les opérations dans leurs plus minutieuses circonstances ;

Les encaissements : comme recettes, prêts, renouvellements ;

Les versements : comme paiements, prêts, renouvellements ;

Les *escomptes*, les *rabais*, les *intérêts* ; mais surtout et surtout, les effets précédés de leurs nᵒˢ d'ordre, suivis de leur échéance.

Car le grand-livre, c'est la vie ou la mort.

Comptes Généraux

—

Exposer sous les yeux de l'élève un modèle de Brouillard, de Journal, de Grand-Livre, n'était que dresser un plan de bataille en omettant d'apprendre aux soldats le maniement de leurs armes.

L'auteur l'a parfaitement senti : aussi entreprend-t-il la description et le classement de tous les comptes. Entraîné comme tous par la réaction *sociale* qui s'affirme de plus en plus, et qui tout à l'heure sera parvenue à poser des bornes au disséminement, à la pulvérisation *individuelle*, il débute dans cette description, par :

Les Comptes Généraux

Ils sont aux nombre de cinq, dit-il avec raison ; savoir :

Le compte de *Marchandises générales* ;

— de *caisse* ;

— d'*effets à recevoir* ;

— d'*effets à payer* ;

— de profits et pertes.

Ici je l'arrête : le lecteur a vu dans la méthode précédente, ce que pesait cette introduction du compte *Pertes et profits* parmi les *comptes Généraux*.

« *Pertes et profits est un compte général, mais personnel ;*

Ce n'est pas un compte commercial.

Frais Généraux est le cinquième compte qu'instinctivement cherchent tous les professeurs en tenue de livres.

Mais cette confusion, cette interposition qui réduit à rien tous les efforts de la *comptabilité* pour dégager l'*inconnue* ; et qui la fait se traîner à terre confondue avec la *tenue des livres* ; n'en témoigne pas moins de l'intuition *générale* d'un compte devant clore la série *générale*.

« Ces comptes suffisent amplement pour *établir* la situation d'une »
« maison de commerce, continue-t-il. »

Sans doute il n'est pas embarrassé de prouver cette assertion, et c'est pour lui jeu d'enfant que d'en donner l'exposition ; qu'il le fasse donc, et s'il réussit, nous nous livrons pieds et poings liés à sa *balance perpétuelle.*

Une situation établie avec les comptes généraux seuls !

En premier lieu, page 13, voici la situation de M. Cornet.

PASSIF	ACTIF
Effets à payer.	Marchandises en magasin.
Moreau.	Caisse.
Bataille.	Immeubles.

Et, page 14, en second lieu, voici un autre exemple :

PASSIF	ACTIF
Effets à payer.	Marchandises en magasin.
Moreau.	Caisse.
Bataille.	Mobilier. Immeubles.
Chambard.	*Destrem.*

De ces deux situations laquelle est *amplement* établie, par le moyen des comptes généraux ? Allons donc, Monsieur, ne plaisantons pas avec les choses sérieuses.

Quand il est introduit dans deux situations : *Moreau, Chambard, Bataille, Destrem* ; on est mal venu d'avancer que les comptes généraux suffisent à leur établissement.

Décidément la *balance perpétuelle* ne nous a pas encore à sa merci.

Mais ce n'est pas tout ce qu'il y a à remarquer dans ces expositions de situations : non satisfait de se donner un démenti en y introduisant des comptes personnels ; l'auteur en plus y implante des comptes particuliers : *Mobilier, Immeubles*.

Il est donc à signaler que vous êtes impuissant, M. Cornet, à établir, une situation avec les comptes généraux seuls ; conséquemment que vous n'auriez jamais dû avancer pareille proposition. Ne vous rejetez cependant pas sur les autres comptes pour vous sortir d'embarras, car nous vous le disons en vérité, pour *établir* une situation ; point n'est besoin des comptes *généraux, particuliers et personnels*.

Nous vous le disons en sincérité, tous les comptes généraux réunis *sont impuissants à établir une situation*.

Ces propositions vous étonnent peut-être ; vous en verrez bien d'autres. En voici une troisième que je soumets à votre appréciation, et que je vous mets au défi de renverser.

« Les comptes *généraux*, voir même les *particuliers* et les *person-* »
« *nels* ; ont tellement la destination opposée, que celle de *l'établisse-* »
« *ment* d'une *situation* quelconque, que c'est au contraire la situation »
« qui, commandant la comptabilité, dirigera dans la composition, »
« *l'établissement* des comptes *généraux, particuliers* et *personnels*. »

Une fois pour toutes, *mettons*-nous à l'œuvre afin de découvrir la science ; mais vous, ne *cédez* pas à cette paresseuse tendance de ployer le commerçant aux absurdités, aux inconséquences, aux impuissances d'un embryon.

Pourriez-vous assurer que vos comptes *de caisse, d'effets à recevoir, à payer* sont d'accord avec vos espèces en caisse, vos *effets* en portefeuille, vos effets souscrits ?

Etes-vous en mesure de démontrer que la balance de votre compte de *marchandise* à l'inventaire, donnera la quotité et la quantité exactes des *marchandises* qui existent en vos magasins ?

Non.

Etablissez donc à nouveau votre comptabilité par votre situation, qui la rectifiera ; mais ne parlez plus de votre situation établie par des comptes, dont le plus important, *marchandises générales*, ne peut dans aucun cas porter à votre connaissance, ce que vous possédez en cette valeur.

Mais direz-vous, à quoi servira alors tout cet encombrant attirail de *comptes* de toutes sortes ?

Nous allons vous le faire savoir.

1° A *constater* autant que faire se peut, une situation.
2° A *contrôler* les écritures.
3° Enfin, et 4ᵐᵉ proposition, à faire connaître le *résultat* des opérations, à *témoigner* à la société d'une bonne ou d'une mauvaise gestion, à *informer* le négociant de telle ou telle modification à apporter, dans telle ou telle erreur de sa direction.

Subdivisions des Comptes Généraux

—

« Hormis le compte de caisse, tous les comptes généraux se »
« subdivisent, c'est-à-dire, se divisent en autant de comptes »
« particuliers que le besoin du commerce le commande. »

Certainement l'élève sentira ici le besoin d'être fixé : les comptes *généraux* se divisent-ils ou se subdivisent-ils ?

Principe tourmenté.

De plus ces divisions ou ces subdivisions de *comptes généraux*, pourquoi deviennent-elles des comptes *particuliers ?*

M. Cornet a un fils qui est sa subdivision, c'est-à-dire sa division : hors, il vient nous faire savoir que ce fils, par cela même, n'est plus un M. Cornet.

Qui est-ce donc ? *Un particulier.*

J'ai expliqué à M. Joly, qu'elles devaient être en partie double, les différentes catégories des comptes ; je ne me répéterai pas ; mais que l'auteur commente les nouveaux principes proposés aux générations futures.

Comptes particuliers

—

« Les comptes *particuliers* sont ainsi nommés, parce qu'ils ne repré- »
« sentent que *partiellement* les opérations d'un commerçant. »

Comment faut-il dénommer un pareil professeur de synonimes.

Des comptes sont nommés *particuliers* parce qu'ils représentent *partiellement*.

Nous avons relu cinq fois cette ligne avant d'en croire nos yeux ; mais cédant à l'évidence, nous avons reconnu que si la classe ouvrière ne parvient pas à acquérir des principes supérieurs, par l'inculquation de tels axiomes, c'est que définitivement elle est rebelle à tout *enseignement philanthropique*.

Moi pauvre ignorant, à peine capable de bien faire les quatre premières règles de l'arithmétique ; ne connaissant de mon français que la plus maigre superficie ; secrétaire de personne, professeur inconnu : je ne me commettrais pas à ce point.

Les comptes *particuliers* sont ainsi nommés, parce qu'ils représentent *particulièrement* : voilà la raison brutale.

Ce n'est pas *partiellement* qu'ils représentent leur particularité ; c'est *totalement* : Voilà la raison raisonnée.

Entre autre exemple, le compte de *mobilier*, compte particulier ; représente le mobilier : mais ce n'est pas *partiellement* qu'il le représente, c'est *totalement*.

Par extension nous ajouterons : *Les comptes particuliers* ne représentent nullement les opérations d'un commerçant ; c'est dans les *comptes généraux* que vont se traduire ces opérations. Quant aux *comptes personnels* ils sont inconnus à l'auteur.

Cependant si la comptabilité se compose de deux grandes catégories, d'après M. Cornet, (nous, nous en avons reconnu trois) ; ces catégories se divisent en plusieurs parties constituantes : ce professeur a ébauché le classement de ces divisions, comme nous avons pu le constater.

Il y revient.

Mais sans le suivre dans toutes les définitions qu'il essaie, examinons celle qu'il donne, sur le compte par lequel prélude la mise en scène de la tenue des livres ; et que nous avons désigné par la qualification :

D'Objet du commerce.

Marchandises Générales

—

« *On appelle marchandises tous les objets qui entrent* »
« *dans le commerce, et qui constituent des actes de com-* »
« *merce.* »

Très bien, voici enfin une définition, et si M. Cornet sévère pour lui-même, eut toujours veillé aussi scrupuleusement à l'exposition de ses idées ; nous aurions eu à le féliciter *sincèrement* et non à le critiquer *amèrement.*

Il ne l'a pas voulu, que sa volonté soit faite.

En effet, qui à l'examen de cette définition peut ne pas être saisi de son évidence, de son exactitude ?

Hélas ! il fallait que M. Cornet la gâtât dans son application.

« *Ce compte comprend donc tous les achats et toutes les ventes,* » ajoute-t-il. Il avait dit avant :

« *Le compte de Mobilier et d'Immeuble en sont des subdivisions.* »
Et il dit après :

« *Le compte d'Immeubles est crédité du produit de leur vente.* »

D'où il ressort une confusion.

Du moment que l'auteur intercale les comptes d'Immeubles et de Mobilier parmi les *subdivisions* du compte de *marchandises* ; l'idée qui le domine, c'est que dans un commerce quel qu'il soit, on peut sans inconvénient pour la *comptabilité* y adjoindre par occasion la vente et l'achat d'*Immeubles* ou de *Mobilier*.

D'où il résulte que pour tel négociant, il n'y a pas un *objet de commerce* : soit céréales, étoffes, produits oléagineux, etc.

Dès lors qu'à l'inventaire, on crédite le compte des *Immeubles* du produit de leurs *ventes* et des bénéfices en résultant ; après l'avoir débité de ce qu'il auront *couté* ; c'est qu'on peut sans préjudice *comptable* les laisser entraîner dans le mouvement commercial ; et que les opérations d'achats et de ventes qu'ils nécessitent, constituent des *actes de commerce*.

Mais alors pour se généraliser, la définition de l'auteur se réduit à rien : le compte de *marchandises* étant tout, n'est plus rien.

D'où il ressort une désastreuse confusion.

En plus ce n'est pas vrai.

Ce n'est pas vrai en jurisprudence, comme nous le ferons voir plus tard ; ce n'est pas vrai en *comptabilité*, comme nous le démontrerons ; et cela donne pour résultat le plus épouvantable gachis, les renseignements les plus erronés, qu'il soit possible d'imaginer pour tromper le public et amener d'immenses cataclysmes.

« Le compte de *marchandises* se compose de tous les *achats* et de »
« toutes les *ventes*, de ce qui forme *l'objet* d'un commerce. »

Les comptes de mobilier et d'immeubles sont des divisions de la 2ᵐᵉ catégorie *comptable*.

Balance perpétuelle

—

Il est temps de connaître ce que contient de conséquences, d'apprécier la valeur de cette orgueilleuse formule, *Balance perpétuelle.*

Nous n'avons pas, tout à l'heure, entretenu le lecteur sur les résultats qu'obtient M. Cornet avec le compte de Marchandises ; car c'eut été insolent, insipide ; par pudeur pour l'auteur nous ne voulons pas mettre à nu toute l'insignifiance de son travail.

Mais en ce moment nous avons à cœur de le désabuser sur la mise en pratique de cette :

Balance perpétuelle.

Instinctivement nous avions pressenti que cette rubrique masquait autant de nullité qu'elle témoignait de prétention ; mais encore fallait-il s'en assurer, le reconnaître, le démontrer.

En voici la définition.

———

« Pour aider l'élève dans ses recherches, nous avons disposé une »
» colonne de doit et une colonne d'avoir ; elles renferment, l'une tous »
« les chiffres des articles débiteurs, l'autre tous les chiffres des arti- »
« cles créditeurs. De là le titre de Balance perpétuelle en tête de notre »
« ouvrage. »

« Cette Balance indique une continuité de comparaison. »

Ce sont les totaux qui *permettent* une continuité de comparaison, non qui indiquent ; quant à la *Balance* elle ne permet rien, elle n'indique rien : en *tenue de livres*, Balance est le solde d'un débit sur un crédit, d'un crédit sur un débit ; que l'on porte soit à un débit soit à un crédit, selon le cas, pour équilibrer, balancer un compte.

> *Solde* est l'excédant,
> *Balance* le complément ;
> *Solde* est l'inégalité,
> *Balance* est l'égalité, le niveau.

Voici déjà la deuxième partie de la définition donnée par l'auteur, qui ne résiste pas à l'examen.

Quant à la première, ce n'est qu'un fait matériel à constater ; et cette constatation fait reconnaître que : *tous les débits ne sont pas dans la colonne du doit, tous les crédits dans la colonne de l'avoir.*

Cette définition ruinée, nous pourrions nous dire satisfait et passer aux livres auxiliaires ; mais non. Il est de toute impossibilité que l'auteur n'ait pas eu un but ; qu'il n'ait pas cherché un moyen ; qu'il n'ait pas voulu obtenir un résultat avec sa Balance perpétuelle : et puisque le but qu'il indique, le moyen qu'il explique, le résultat qu'il annonce, ne sont ni vrais, ni bons, ni atteints : tâchons de faire mieux.

> *Balance de quoi ?*
> *Balance pourquoi ?*
> *Balance comment ?*

Est-ce le système, pour mieux dire le procédé des comptes, *Débiteurs* et *Créditeurs* divers, ou *comptes courants*, qu'il a voulu imiter : Il eut dû le dire.

Mais sa pratique eut été fausse, puisqu'il place dans sa balance, au débit et au crédit, les comptes *Généraux.*

A-t-il cru mettre *perpétuellement* sous les yeux des commerçants, le montant d'un *Actif* et d'un *Passif*? Il aurait dû l'annoncer.

Mais le résultat obtenu n'eut pas été plus vrai, car le débit de sa balance destiné à représenter l'*Actif* renferme les Frais Généraux, les pertes, etc.

En plus, c'est arbitrairement, sans principe, que telle somme se trouve transportée dans la colonne des *débits* ou des *crédits*; du *doit* ou de l'*avoir* : de sorte que cette balance *perpétuelle*, devient une *perpétuelle* mystification.

Enfin qu'a donc voulu ce professeur ? UN TITRE.

Balance de quoi?

Du débit sur le crédit ou du crédit sur le débit ; allons donc, puisque nous sommes en partie double : le *débit* est toujours égal au *crédit*.

Balance pourquoi?

Pour connaître la régularité des écritures par l'égalité du *doit* et de l'*avoir*; par leur total se balançant ; chimérique : car la colonne du *doit* ne contient pas tout ce qui est *dû* ; la colonne de l'*avoir* ne renferme tout ce que l'on *doit*.

Balance comment?

Par la soustraction du *débit* par le *crédit*, ou du *crédit* par le *débit* ; absurde : car ces deux faces de la tenue des livres ne doivent présenter que des résultats égaux : parlons-nous partie double oui ou non?

Je cherche, M. Cornet, je cherche ; mais je ne trouve pas. Votre *balance perpétuelle* est comme le mouvement *perpétuel*, introuvable.

Aidez-moi donc un peu.

Balance de quoi?

De la colonne *doit* et *avoir* du Journal avec celles du Grand-Livre.

Balance pourquoi?

Pour connaître l'exact transport des écritures des *débits* et des *crédits* du Journal sur le Grand-Livre.

Balance comment?

Par l'addition de ces deux livres et leur conformité de totaux.

Vous n'oseriez pas l'affirmer.

Les sommes composant la colonne des *débits* sur le Journal, ou celles composant la colonne des *crédits;* sont inscrites arbitrairement, sans principes, comme nous l'avons déjà dit : ce mode de procéder annule donc toute hypothèse favorable, toute déduction convaincante.

	— DOIT —			PREUVE	— Sommes —		— AVOIR —	
1°	»	»		*Effets à payer* à *Caisse*	788	90	788	90
2°	2,000	»		*Frais généraux* à *Caisse*	2,000	»	»	»
3°	»	»		*Divers* à *Caisse*	2,286	10	2,286	10
4°	»	»		*Marchandises* à Divers	12,780	»	12,780	»

1° Deux C^tes généraux et la somme à l'*avoir*.

2° Deux C^tes généraux et la somme au *doit.*

3° Un Cte général au *crédit,* et la somme au *crédit.*

4° Un Cte général au *débit,* et la somme au *crédit.*

Quel principe gouverne en une telle pratique.

Ah ! Monsieur, si vous aviez traité de la *Partie simple;* vous auriez eu beau jeu avec votre *Balance perpétuelle;* car vous auriez fourni le moyen de contrôler les écritures, le transport du Journal au grand-livre : mais hélas vous n'en dites pas un mot.

5

LIVRES AUXILIAIRES

Quelques pages encore, lecteur, et j'ai terminé de cet auteur ; mais il faut la patience et la persévérance de l'étude.

Comment la question serait-elle résolue, si elle n'était pas exposée sous et sur toutes ses faces. Pour n'y plus revenir, commençons par le :

Copie de Lettres

(Ce livre n'est pas auxiliaire à la tenue des livres, quoique ordonné par la loi.)

Le modèle de correspondance, offert en exemple par M. Cornet, *est pratique et bien conçu.*

Cependant voulant autant qu'il est en moi, signaler et redresser tout ce qu'il est possible de rencontrer de défectueux, en matières commerciales, comptables ; je ferai ici remarquer encore deux légères imperfections.

La première, ayant trait à la tenue de ce livre consiste ; à ne pas faire ressortir la facilité de recherches que procure, la pratique d'un double folio placé en tête de chaque lettre copiée.

Je veux dire :

« le folio de la lettre copiée antérieurement pour la même per- »
« sonne. Plus tard :

« le folio de la lettre copiée ultérieurement pour le même cor- »
« respondant. »

La deuxième imperfection, se rapportant à la correspondance se résume ; dans l'emploi de formules de salutations qui ne sont ni dignes, ni convenables. Elles sont encore en usage ; mais il faut les extirper du style.

e veux signaler :

« En attendant votre première commande, je suis votre très- »
« *humble* et très *obéissant* serviteur. »

Ce qui manque au français c'est la dignité.

L'organisation militaire a donné à la France, l'union, la force, la gloire, et surtout la vanité : mais si le français a de la vanité je le répète il n'a pas de dignité. Il est depuis trop longtemps sous des régimes de discipline, pour que cette pudeur de la personnalité n'ait pas été atrophiée : il a pendant de trop longues années, ployé le genou devant la toute-puissance de l'État.

C'est pourquoi il faut le relever à ses propres yeux.

Donc la formule de :

Très-humble et très-obéissant serviteur est vile.

Pour terminer à ce sujet des salutations épistolaires ; je livre encore à la merci de nos jeunes générations, celles qui consistent en ces insolentes tournures de phrases ; elles ne sont pas de M. Cornet :

« Je suis dans cette *espérance*, votre très-humble et obéis- »
« sant serviteur. »

Où :

« Comptant sur vos *ordres*, j'ai bien l'honneur d'être, de »
« vous présenter, etc., etc,

Vieux style, vieilles formules.

Donc si cet homme n'avait pas l'*espérance*, s'il ne *comptait* pas sur mes ordres ; il n'aurait plus l'honneur d'être mon très *humble* et très *obéissant* serviteur : Le faquin ne me présenterait plus que son arrogance, après m'avoir offert son servilisme.

Un anglais n'accepterait pas tant de turpitude.

Livre d'entrée et de sortie des Marchandises

—

(Ce livre non plus n'est pas auxiliaire à la tenue des livres).

On ne saurait trop cependant en vulgariser la pratique; car les commerçants et les teneurs de livres n'en apprécient pas assez l'importance ; et n'en connaissent pas bien les ressources.

C'est pourquoi je félicite l'auteur de s'y être arrêté et attaché : de plus il doit lui être tenu compte de la colonne des prix qu'il place à l'entrée et à la sortie des marchandises ; ce qui permet de connaître sans inventaire, à quelques déchets près, quelques raccourts, le chiffre de ce qui reste en magasin.

Ce n'est cependant pas un motif pour abandonner ses armes ; et alors que l'on donne un *n°* d'ordre à chaque pièce, grosse ou douzaine de la march^{se} qui *entre ;* ne pas répéter ce *n°* à chaque pièce, grosse ou douzaine de la march^{se} qui *sort.*

Si votre livre de vente de témoigne pas du *n°* de la march^{se} *sortant* l'établissement de la *sortie* est impossible, et le registre de l'*entrée* et de la *sortie* est inexécutable.

Il faut être conséquent.

Livre des Factures (d'achat)

—

(Ce n'est pas un livre auxiliaire à la tenue des livres).

Ce livre est presque *nul*, dit l'auteur, car il est un diminutif du livre d'entrée et de sortie des M^{ses}.

Nous sommes plus que de son avis pour cette raison, et ensuite parce que la facture est toujours conservée.

Livre de Caisse

—

Nous réitèrerons ici la question faite à M. Joly. Pourquoi cet enregistrement des recettes et des dépenses sur un livre *ad hoc* ; lorsqu'il s'effectue sur un *Brouillard ?*

Reconnaissons donc que l'inscription des recettes et des dépenses sur le *brouillard*, forme double emploi ; qu'en conséquence il est inutile : de cette franchise d'observation nous arriverons progressivement à supprimer de ce livre, les ventes, les achats, etc., etc.; jusqu'à ce que nous l'ayons lui même supprimé entièrement ; ce que la pratique réclame.

Mais si l'on tient à suivre les vieux errements : une colonne de recette et une de dépense, ajoutées au *brouillard ;* suffiront dans les petites maisons, dans les petites tenues de livres ; pour obtenir le résultat des transactions d'espèces ; et alors point n'est besoin de livre de *caisse.*

Remarquons que dans l'hypothèse de M. Cornet, nous n'avons pas encore cette fois rencontré :

Un livre auxiliaire à la tenue des livres.

Livre des Effets à recevoir et à payer

—

« Le but du *carnet d'échéance* est de constater jour par jour, dit l'au- » « teur, l'entrée et la sortie des effets. »

A cela nous répondrons que le carnet d'échéance n'est pas le livre d'enregistrement des effets ; il ajoute :

« Chaque fois qu'on reçoit ou qu'on souscrit un effet, il faut le porter » « de suite au mois où il écheoit. »

Nous ajouterons aussi que cela confirme notre observation, qui consiste à distinguer le carnet d'échéance du livre d'enregistrement des effets. Si l'on porte de suite un effet souscrit ou reçu au mois où il écheoit ; comment ne pas briser la sériation des nos d'enregistrement.

Livre des Factures (de vente)

—

Le carnet d'échéance n'était pas un *auxiliaire à la tenue des livres* ; celui-ci ne l'est pas davantage.

Au point de vue ou s'est placé en pratique M. Cornet, ce livre est de toute nécessité, pour n'avoir pas à attendre le bon caprice de la mise à jour du grand-livre ; afin de remettre à chaque acheteur, chaque mois, le relevé de ses achats.

Dans le cercle où il se meut, il ne pouvait trouver meilleur procédé , mais il ne l'a pas compris ainsi.

Pour lui, ce relevé de factures vient après le grand livre ; ce qui est logique : cependant, comme d'après sa méthode, l'entière confection du Grand-livre n'est obtenue que très-tard et souvent avec préjudice ; nous conseillons, pour les routiniers, l'établissement du livre des factures, in-dépendamment du grand-livre.

Un instant de repos dans cet *aride travail* ; nous avons terminé.

De la plus simple et de la plus rationnelle des méthodes ;
de celle qui ne voyait de difficulté dans la tenue des livres que
dans la valeur des mots doit et avoir.

Qu'en pense M. Cornet ?

S'il n'est pas satisfait de notre critique, qu'il démontre en quoi : nous sommes gens de revue, et j'aurais encore bien des choses et de bonnes, à dire sur son travail.

Je ne suis pas son très *humble* et très *obéissant* serviteur ; mais je pourrai lui démontrer *qu'en sa méthode le seul livre auxiliaire* est son *brouillard* ; et que *les autres* ne sont que *des livres accessoires*.

MONSIEUR VICTOR DOUBLET

NOUVELLE MÉTHODE

INGÉNIEUSE ET FACILE

Pour apprendre SEUL et sans MAITRE la tenue des livres

par le professeur

VICTOR DOUBLET

Seul, ne demandait pas : un maître ; sans cela ce ne serait pas seul.

Il a du être remarqué : que dans l'étude de la méthode Joly ; nous avons, tout en ne négligeant aucun redressement ; attiré principalement l'attention sur les *comptes*, leur *division* et leurs *subdivisions*.

Puis, que lors de la méthode Cornet ; nous avons surtout battu en brèche l'innovation, qui seule pouvait donner une raison d'être à cette œuvre : la *Balance perpétuelle*. De plus, que nous avons voulu lui prouver que par sa démonstration de pratique ; les livres *auxiliaires* perdaient cette qualification, et ne devenaient que des *accessoires*.

C'est ainsi que nous procéderons pour chaque auteur : examinant son travail *en général* par rapport à la vérité, mais faisant toujours ressortir une question non encore prise *particulièrement* à partie.

C'est pourquoi M. Doublet n'aura pas lieu d'être étonné, si à travers toutes nos critiques sur sa Méthode ingénieuse et facile ; il remarque surtout celle dirigée sur son exposition des *carnets d'échéances*.

Nous prenons l'engagement de lui démontrer que :

« *son ouvrage entièrement simplifié, mis à la portée de toutes* »

« *les intelligences, par le moyen de nombreuses applications et* »

« *de définitions fort claires ; ne permet à personne d'apprendre* »

« seul *et sans* maitre. »

AVERTISSEMENT DE M. DOUBLET

« *Quoiqu'on ait multiplié presque à l'infini les traités de tenue de* »
« *livres, en les proposant comme des livres infaillibles ; au moyen* »
« *desquels on peut apprendre seul et sans maître : nous professeur* »
« *vieilli dans le métier, nous avons reconnu avec peine, que loin* »
« *d'aplanir les difficultés ; on n'avait que rendu plus compliquée la* »
« *science du Comptable.* »

« Il s'agit de se rendre intelligible à tous : il faut être simple, il faut »
« être clair. »

« *La simplicité et la clarté seront donc les bases fondamentales de* »
« *notre travail.* »

LEÇON PREMIÈRE

—

Page 6

La loi ne prescrit *qu'un seul livre* ; elle s'exprime ainsi :

Tout commerçant est tenu d'avoir un livre Journal qui pré-
sente jour par jour (etc. ; nous le savons.)

Page 7

Outre le journal ordonné par la loi, il y a d'autres livres que l'on nomme auxiliaires ; ces livres sont en général :

Le Brouillard, le Journal : (halte-là.)

Le journal est-il le livre principal, ordonné par la loi ; ou est-il le livre auxiliaire ?

Je vous prouverais bien que vos livres auxiliaires, sauf le *brouillard*, ne sont que des accessoires ; mais le Journal ?

Si nous débutons par une contradiction et un doute ; comment aurons-nous l'intelligence de la *clarté* et de la *simplicité*, de la méthode de V. Doublet.

Sincèrement, nous appréhendons de reconnaître qu'elle n'est qu'une de plus ajoutée à *cette multiplication infinie de traités de tenue de livres ;* comme dit l'auteur ; et que c'est tout, mais que c'est trop.

En premier lieu, lui professeur *vieilli* dans le métier, il adopte cette *vieille* et et inéxécutable pratique d'un brouillard ; (nous ne cesserons jamais de nous insurger contre ce pernicieux enseignement) ce livre contenant tout, on comprendra pourquoi nous le signalons comme seul livre *auxiliaire* à la tenue des livres.

Il est évident que suffisant seul à l'établissement des écritures ; les autres ne sont plus que des *accessoires*, des double emplois, des suppléments alors qu'ils devraient être des suppléants ; mais ne sont en rien *auxiliaires*, aides, puisqu'on se dispense de les employer pour dresser les écritures.

Puis, pour éviter les frais de rédaction sans doute, il passe les articles sur le *Journal* en s'étendant complaisamment sur les mêmes détails que ceux déjà analysés sur le *brouillard*.

Satisfait de son œuvre, il pense alors au *grand-livre*.

C'est la progression commune, c'est la marche habituelle : il fait ici un grand pas vers la clarté, car il dispose ces comptes sur le verso des feuillets pour le débit sur le recto pour le crédit ; mais pour le libellé des opérations, oh mon Dieu : Voyez et jugez.

MODÈLE D'UN GRAND-LIVRE

DOIT.   **Durand**

Mars, le	1er	Sa facture *détaillée au journal, page* 15	150	»
dito le	17	Sa facture *détaillée au journal, page* 23	230	»
le	dito	Sa facture *du dito*	240	»
		Total. . . .	620	»
Juillet, le	25	Balance au 25 juillet		
		Doit . . . . 620 »		
		Avoir . . . . 500 »		
		Redoit. . . . 120 »		

de Nantes   **AVOIR.**

Mars, le	1er	Sa remise espèces.	100	»
dito le	dito	Son billet sur Paris, au 20 *dito*	100	»
dito le	29	Sa remise espèces.	150	»
dito le	dito	Son billet sur Limoges, au 15 avril	150	»
		Total. . . .	500	»
Juillet, le	25	*Arrêté compte à fr. 120 de débit qu'il m'a remis aujourd'hui 25 juillet, en un effet sur Limoges, pour solde dudit compte.*		

Qu'avez-vous fait là M. Doublet ?

Si je n'étais partisan de la liberté, je demanderais que l'on vous interdise.

— *A cela j'objecterai :* —

Que vos *dito le, le dito* sont insipides ; que : *sa facture*, est à tort enseignée en place de : *ma facture* ; que *détaillée au journal, page*, est supérieurement remplacé par une colonne renfermant le folio du journal ; que les effets doivent être accompagnés de leur n° d'ordre ; que le mot *total* est totalement inutile ; que la *Balance* est une fantaisie ; qu'un compte arrêté par fr. 120 de débit, puis balancé par la remise, est soldé ; qu'il est oiseux d'ajouter, pour solde dudit compte ; enfin, que lorsqu'on enseigne la *tenue des livres en partie double*, c'est bien le moins qu'il ne soit pas établi un *Grand-Livre en partie simple.*

Au jugement des teneurs de livres, vous aurez, Monsieur, un terrible compte à rendre.

— *A cela j'opposerai :* —

DOIT.   **Durand**

1860 Mars	1er	Ma facture	15	150	»	
»	17	»	23	230	»	
»	»	»	23	240	»	620 »

de Nantes   **AVOIR.**

1860 Mars	1er	Espèces	1	100	»	
»	»	S/Bt n° 1, Paris, 20 Mars	1	100	»	
»	29	Espèces	5	150	»	
»	»	S/Bt n° 2, Limoges, 15 Avril	5	150	»	
Juillet	25	d° » 3, » 15 Septembre	9	120	»	620 »

On doit reconnaître la supériorité de cette exposition, et disposition.

Cependant nous réitèrerons nos réserves.

Nous ne professons pas encore ; tout au plus faisons-nous entrevoir de temps à autre nos principes rectificateurs. Ce que surtout nous cherchons c'est à nous maintenir dans le point de vue des divers auteurs qui ont traité sur cette matière : nous bornant à rectifier par la plus vulgaire pratique, les *contradictions,* les *non sens,* les *impossibilités ;* qui pullulent dans leurs *traités, méthodes, systèmes.*

EXEMPLE

Modèle du livre auxiliaire : Effets à recevoir

— Ce qui pour l'auteur ne sert qu'accessoirement —

Reçu le.		Payable le.			A recevoir.		Reçu.	
Mars	1er		25	Reçu de Masson, un effet sur Gravel, de Lyon, payable au 25 courant.	500	»	500	»
dito	15	30 avril		Reçu de Gaspard, de Bourges, un effet de 300 fr., souscrit par Pierre, de Vierzon, au profit de Jacques, d'Orléans, et passé à mon ordre, payable au 30 avril.	300	»	300	»

A ce modèle nous opposons : { Modèle accepté dans le commerce, mais développé sur deux pages. }

Numéros	Mois	Dates	Cédant	Ville	Souscripteur ou tireur	Domicile	Date de confection		Ordre	Payeur	Domicile	Échéance		Somme		OBSERVATIONS — A qui cédé	Mois	Date
1	Mars (1860)	1er	Masson	Paris	Masson	Paris	Février	20	M/M	Gravel	Lyon	Mars	25	300	»	encaissé ou négocié	Mars	25
2	»	15	Gaspard	Bourges	Pierre	Vierzon	»	»	Jacques	Pierre	Vierzon	Avril	30	500	»			

J'ai mieux encore à offrir ; mais au moins il est permis de recomposer un billet.

— Examinons ces deux tableaux —

Ce qui se cherche en tenue de livres ; *c'est un compte.*

Ce qui doit se trouver instantanément ; *c'est donc le titulaire du compte.*

Ce qu'il faut obtenir en tenue de livres ; *c'est une exécution rapide.*

Ce qu'il faut demander ici ; *c'est donc une classification toute faite.*

Ce qu'il importe de connaître ; *c'est la somme à recevoir, et l'é-chéance.*

Ce qu'il y a conclure ; *c'est que l'une à l'autre doivent être accolées.*

Ce qui est nécessaire ; *c'est le quand et le comment de la sortie.*

Ce qui fait résulter ; *une division ad hoc, dite colonne d'observation.*

Voilà à quoi il faut tendre, il faut parvenir.

Or, que M. Victor Doublet juge entre les deux modèles ci-contre.

1° En sa pratique le titulaire d'un compte se cherche avec effort, et se confond avec le souscripteur.

2° Le libellé qu'il adopte est surchargé de détails qui se trouvent annulés dans le second tableau ; au grand avantage de la rapidité d'exécution.

3° La distance qui sépare l'échéance de la somme à recevoir ; rend leur rapprochement laborieux ; d'autant plus que la date d'échéance, se trouve placée à trois et cinq lignes au-dessus de la somme.

4° Le montant de la somme à recevoir, qu'il porte pour la *troisième* fois dans une colonne de *reçu* ; n'indique nullement les diverses modifications subies par un effet; sans doute s'il était de fr. 500, il n'a cédé que contre fr. 500, mais est-ce par encaissement, négociation ou échange contre marchandises ; a-t-il été rendu ?

Tout cela il faut le savoir, tout cela il faut le connaître, tout cela doit être pratiqué : *M. V. Doublet a failli à sa tache.*

AUTRE EXEMPLE DE NON SENS ET D'IMPOSSIBILITÉS, DE SIMPLIFICATION ET DE CLARTÉ

Livre auxiliaire de Caisse

Ce livre ne contribuant pas à la confection du Journal ou du Grand-Livre, en cette méthode, n'est *auxiliaire* qu'au *Brouillard* : pour la *tenue des livres*, il n'est qu'*accessoire*.

Livre auxiliaire de Caisse

Ce livre contribuera à la confection du Journal ou du Grand-Livre, en une méthode, dans laquelle sera supprimé le *Brouillard* : il sera alors *auxiliaire* à la *tenue des livres*.

DÉBIT. — Caisse.

1844					
Mars	1er	Reçu de Georges, pour prix de 3 tonnes sucres à lui vendues ce jour, à fr. 150	450 »		
	id.	Reçu de Laurent, pour une caisse savon à lui vendue ce jour, à fr. 95	95 »		
	id.	Reçu de Lambert, pour 100 kil. café, à lui vendu ce jour à fr. 150 les 50 kil	300 »	845 »	
Avril	4	Encaissé un billet de Jarry, de Saumur	700 »		
	id.	Encaissé deux effets ensemble	340 »	1040 »	

Caisse. — **CRÉDIT.**

1844					
Mars	1er	Payé un billet de Simon, de Lyon	1200 »		
	id.	Id. pour une traite sur Jean, de Limoges . . .	500 »	1700 »
	3	Payé un billet de Louis, de Strasbourg	200 »		
	id.	Id. à Grégoire, pour solde de son vin . . .	150 »	350 »
	7	Payé à Quentin, pour solde de son sucre . . .	700 »		
	id.	Id. à Jérôme, valeur escompte.	500 »	1200 »
Avril	10	Payé à divers, pour mémoires fournis. . . .	1500 »		
	id.	Id. à Simon, pour solde de son compte . . .	250 »	1750 »

Au grand-livre, page 65, nous nous servions des *dito ls* ; *le dito* : ici ce sont les id., id. ; puis nous avons des *ventes détaillées* ; des, payé à *divers*.

— A cela nous opposerons : —

RECETTES. — Mars 1844.

	1er	Georges.	450	»	
	»	Laurent.	95	»	
	»	Lambert.	300	»	845 »

Mars 1844. — **DÉPENSES.**

	1er	M/Bt, no 1, acquitté.	1200	»	
	»	Jean de Limoges, remboursement de n/ttes/lui.	500	»	
	3	M/Bt, no 2, acquitté.	200	»	1900 »

Page 68, nous l'avons dit, en tenue de livres ce qui se cherche. *c'est un compte* : nous plaçons donc ici immédiatement le titulaire, avec les renseignements seuls nécessaires : nous supprimons les mots *reçus* et *payés* ; ces opérations étant indiquées par *les titres recettes et dépenses* : nous laissons une marge en blanc pour les folios du report.

Mais cet auteur ajoute :

Tous ces comptes en général, peuvent se tenir sur le Grand-livre étant compris dans les cinq comptes généraux.

Qu'en pensent les praticiens ? sont-ce des comptes, ou des livres.

Dégoûté, nous nous arrétons en cette critique. Une conception aussi informe n'offre rien d'instructif, et nous ne sommes pas ici pour nous amuser.

Mais que M. V. Doublet ne se targue pas de notre silence, pour faire étalage de sa faconde ; car entre mille choses nous lui démontrerions.

Qu'une somme déboursée pour les dépenses d'une maison, ne se porte nullement au compte *pertes et profits,* parce que la dépense nécessitée pour la nutrition du corps, loin d'être une perte, est la facilité d'une recrudescence d'énergie, un moyen de reproduction : parce que la réparation d'une machine est sa conservation, et que sans elle, tombant en ruine, elle occasionnerait alors une véritable déperdition, qui pourrait à juste titre se porter au compte *pertes et profits.*

Nous lui prouverions :

Qu'une *recette* faite par anticipation sous la bonification de 5 % n'a n'a rien à voir avec le compte *effets à recevoir,* ni avec celui de *pertes et profits ;* parce que là il ne s'agit que d'*espèces* et d'*escomptes.*

Etc., etc., etc., des écritures impossibles, fausses.

Monsieur vous avez fait là plus qu'une mauvaise œuvre, vous avez commis une mauvaise action.

Cependant il est juste de signaler l'accord qu'il offre, entre le besoin d'additions continues sur le *grand-livre,* et la satisfaction nécessaire d'additions closes par mois ou chaque réglement de compte :

La colonne intérieure permettrait de cloturer les *comptes ;*

La colonne extérieure serait additionnée sans interruption.

Nous reviendrons sur ce procédé, *qui pour l'auteur n'est qu'un expédient :* il est fécond en ressources, et permet la fusion entre la partie *simple* et la partie *double*, entre la *tenue des livres* et les *solutions commerciales.*

Mais remplissons notre engagement en parlant du carnet d'échéances.

Carnet d'échéances

—

Ici il faut s'entendre et comprendre.

La multiplicité des effets a nécessité trois phases :

    1° Leur inscription ;

    2° Leur ordination ;

    3° Leur division.

La dissemblance de ces effets a fait conclure à deux catégories

    1° Celle des effets à payer ;

    2° Celle des effets à recevoir.

Voilà ce que la situation du crédit offre pour le moment à la comptabilité ; ce que l'opposition du fait commande.

Mais ces deux catégories sont très-distinctes l'une de l'autre et n'ont absolument aucun rapport ; c'est-à-dire : la quantité *d'effets à payer* n'est en aucune sorte subordonnée à celle *d'effets à recevoir* ; individuellement parlant.

En conséquence dans la pratique, elles doivent être rigoureusement séparées, c'est ce que n'enseignent pas la plus grande partie des professeurs, et c'est en quoi ils ont tort.

Sans me laisser entraîner à critiquer toutes leurs improvisations avortées, je vais droit au fait ; et je dis :

L'inscription est indispensable dans tous ses détails ; car il est urgent de connaître :

    1° Le titulaire,

    2° Les moyens de recomposition,

    3° Les sommes,

    4° Les échéances.

L'ordination est de toute nécessité ; car il faut pouvoir retrouver :

    1° Les dates de confection,

    2° Les dates d'acceptation,

    3° Les échéances.

La division se commande ; car il faut en temps opportun être renseigné sur *l'échéance.*

Mais de ce que ces deux faces du crédit actuel ont une parité ; nous le répétons, il ne faut nullement conclure à leur conformité de sériation numérique.

Tel commerce, tel capital comporte peu d'*effets reçus ;* tel autre entraîne dans un épouvantable mouvement fiduciaire.

Tel commerce, tel capital réclame ou permet peu l'élasticité des *effets à payer ;* tel autre autorise ou force à une revendication très-large de cette facilité temporaire.

Tel commerce, tel capital ne veut ou ne peut accorder l'un et est contraint de subir l'autre.

D'où il résulte une inscription simultanée, pour mieux dire parallèle, impossible.

Ici un folio se trouverait rempli, que là il serait à peine commencé ; *janvier* pourrait se trouver en face de *mars.* D'où il faut conclure :

    à deux carnets d'inscription bien distincts l'un de l'autre : l'un pour les *effets à payer ;*

    L'autre pour les *effets à recevoir.*

La division du *travail ordonne aussi* cette séparation.

Cette séparation obtenue, la sériation n'offre aucune difficulté, l'ordination du reste s'exécute de soi si on ne franchit pas le *carnet d'inscription*, pour atteindre instantanément le *carnet d'écheances*.

Mais si de cette inscription successive naît une ordination logique, possible, vraie des effets, il n'en est plus de même pour les échéances ; qui se trouvent confondues.

Néanmoins il est frappant que l'échéance d'un effet n'est pas de moindre importance : ce que nous venons d'examiner appartient à proprement parler à la *tenue des livres* ; ici nous avons à faire à la *comptabilité* ou *solvabilité* et *prospérité*.

Donc les auteurs ont imaginé un carnet d'échéances, dans lequel se trouve sur le recto des pages à l'échéance des *Effets à recevoir;* sur le verso celle des *Effets à payer*.

Alors se présente la même impossibilité que celle signalée tout-à-l'heure la différence des procédés d'un même commerce par égard au crédit reçu ou donné, permis ou accordé ; modifie tellement les quantités reçues ou souscrites, que le *parallélisme* devient impraticable.

À quoi servira conséquemment la catégorisation sur même carnet.

Mais ceci n'est qu'une objection ; en voici une plus sérieuse : les *effets à payer* catégorisés mensuellement, très-bien ; mais les *effets à recevoir* est-ce possible, du moins est-ce pour en retirer un résultat ? Aucun.

J'ai obtenu ci-contre *l'enregistrement* séparé des *effets ;* maintenant il m'est acquis encore, *l'inscription* sur deux carnets, des échéances ; mais pourquoi ?

Est-ce que le portefeuille divisé en douze compartiments ne suffit pas aux *effets à recevoir*? Est-ce qu'alors que ceux-ci seraient inscrits à leur mois d'échéance, ils n'ont pas lieu avant cette date, d'être vingt fois négociés, donués en payement etc. etc.

Je conclue donc à un carnet d'échéances.

Des effets à payer.

A la suppression du carnet d'échéance,

Des effets a recevoir.

D'après tout ce que nous venons de dire, nous trouvons M. V. Doublet mal venu de prétendre : que son livre *d'enregistrement* des *effets à recevoir* dispense de rédiger un *carnet d'échéances* ; il en faut un ou mieux ne se servir que du portefeuille ; mais l'enregistrement ne suffit pas.

De plus nous le trouvons bien osé d'affirmer : que par son livre *d'enregistrement des effets à payer*, le commerçant voit chaque jour combien il a à payer ; alors que non-seulement les jours, mais les mois, sont confondus.

VOICI UN CARNET D'ÉCHÉANCES
que nous lui proposons, ainsi qu'à ses confrères

Janvier 1864

N° de l'effet	NOMS	5		10		15		20		25		31	
1	Beauchery.	500	»	»	»	»	»	»	"	»	»	»	»
2	Nardon.	»	»	900	75	»	»	»	»	»	»	»	»
9	Joly.	»	»	»	»	800	»	»	»	»	»	»	»
15	Cornet.	»	»	»	»	700	»	»	»	»	»	»	»
16	Doublet.	»	»	»	»	»	»	»	»	600	»	»	»
19	Fédix.	»	»	»	»	»	»	»	»	300	»	»	»
		500	»	900	75	1500	»	»	»	900	»	»	»

MONSIEUR FÉDIX

LIBER SECUNDUS

PRINCIPES ÉLÉMENTAIRES

DE

LA TENUE DES LIVRES

PAR

M. FÉDIX

Professeur dans le Pensionnat de Mme Fédix, rue Culture-Sainte-Catherine

PRIX : 1 FRANC

———

Ce n'est rien lecteur ne vous épouvantez pas ; quelques mots sur la pratique au Grand-Livre des comptés :

Débiteurs divers.

Créditeurs divers.

et tout sera dit.

Vous n'auriez rien à gagner ni moi non plus, en disséquant les *prinpes* trop *élémentaires ;* qui dans cet ouvrage sont donnés en pature à la faim-calle scientifique, de la jeunesse studieuse.

On y voit la bonne volonté d'un époux voulant seconder et croyant compléter, les divers cours qui donnent une valeur au pensionnat dirigé par son épouse ; mais des règles, des principes, une science il n'en est pas plus question que chez les turcs.

Des comptes de débiteurs et de créditeurs divers

—

« On entend par compte de *débiteurs divers*, un compte dans lequel »
« sont enregistrés tous les débiteurs auquel on ne juge pas à propos »
« d'ouvrir des comptes particuliers. »

« Ce compte est tenu de la même manière que les autres comptes du »
« Grand-Livre.

 « *Débiteurs divers à marchandises.* Pour vente faite. »

 « A un tel... tant... »

 « *Caisse à débiteur divers.* Pour telle somme »

 « Reçue d'un tel... tant... »

 « L'opposé pour les *créditeurs divers.* »

Le compte : *débiteurs divers,* ou celui : *créditeurs divers ;* n'est pas un compte, M. Fédix : veuillez dorénavant enseigner cela à vos élèves.

 C'est une réunion de divers comptes.

On consacre sur le grand-livre, 10, 8, 6, 4, 2, 1, page pour tel ou tel compte selon que l'expérience ou la supposition porte à décider cette consécration.

On destine sur le grand-livre, 1, page à deux ou trois comptes, selon que l'expérience ou la supposition, porte à approuver cette destination.

Enfin on réserve une quantité de : folios dans le but d'y réunir le plus grand nombre de débiteurs ou de créditeurs ; *auxquels on ne juge pas à propos d'ouvrir des comptes personnels.*

Voilà l'idée pratique, laquelle d'économie en économie a conduit à la réunion de débiteurs ou créditeurs ; et dont M. Fédix et d'autres on fait à tort un compte.

Un jugement s'est formé de la pratique abusive de cette agglomération ;
c'est :

Qu'il est d'une mauvaise théorie de la préconiser.

Une idée est sortie de l'emploi modéré de cette réunion ; je la présente
à l'essai à tous les professeurs ; c'est,

Qu'il est sage de l'employer avant le disséminement.

Mais cette réunion de divers comptes dont on ne connait pas encore la
quantité de rendement ; ne peut-être *objectivée* sous la rubrique *débiteurs
divers* ou *créditeurs* divers, car ces débiteurs ou ces créditeurs ne veulent
ni ne peuvent parce ce qu'ils sont plusieurs, perdre leur qualité de *personnes* pour se transformer en *objets*.

De plus lors d'un débit ou d'un crédit ce n'est pas le compte qui doit ;
mais bien telle ou telle personnalité. Il est évident alors que ce débiteur
divers n'est pas un compte.

*Donc il faut un titre qui annonce ce que contient tels ou tels folios
d'un grand-livre ;* mais ce titre ne supplantera pas la personnalité qui
doit ou à laquelle on doit.

Il ne faut donc pas dire :
Débiteurs divers à marchandises.
Créditeurs divers à caisse.
Mais :
Paul à marchandises.
Pierre à caisse.

Ceci compris et admis, il ne reste plus qu'à reconnaître la tenue
de ces deux comptes : les professeurs et auteurrs ayant erré en ceci,
comme dans la classification comptable qui incombait à ces réunions de
débiteurs ou de *créditeurs.*

Voici le modèle qu'en général ils donnent.

GRAND-LIVRE

DOIT.   **Débiteurs divers.**   **AVOIR.**

		DOIT								AVOIR			
1864 Janvier	10	Taron	March^ses	2	500	»	1864 Mars	3	Fouquet	Caisse	19	680	»
»	»	Loubet	»	»	900	»	»	5	Caton	»	»	275	»
»	11	Borner	»	3	300	75	»	20	Thaden	Eff. à r.	20	235	»
»	12	Froc	»	4	750	45	Avril	15	Rey	»	30	980	»
»	14	Lheureux	»	6	1050	»	»	19	Taron	»	32	509	»
»	17	Rey	»	8	980	»	»	30	Hoffert	Caisse	35	795	»
»	19	Thaden	»	9	225	»	Mai	2	Loubet	»	40	890	»
»	25	Caton	»	11	300	»	»	4	Froc	March^ses	41	400	»
»	28	Fouquet	»	13	700	»	»	9	Borner	»	43	288	80
»	31	Hoffert	»	17	800	»	»	12	Lheureux	Ef. à r.	47	1009	»

Prolongez ce tableau sur plusieurs folios, et cherchez les comptes débiteurs soldés : pourquoi il est dû, comment soldé, quand ? Ils s'embourbent les maîtres.

Voici notre pratique, non celle que nous ferons connaître plus tard ; mais celle motivée par les connaissances actuelles.
Pour nous l'emploi de ces réunions de comptes, n'est légitime que par la nécessité d'éprouver, avant l'ouverture, la fréquence des articles.

DOIT.   **Débiteurs divers.**   **AVOIR.**

			DOIT								AVOIR			
1864 Janvier	10	Taron	à Marchandises	m/fˢ.	2	500	1864 Avril	19	Taron	par Effet à recevoir, nᵉ 20, 30 juin.	32	509	»
Avril	19	»	» Intérêts	Intérêts de retard.	32	9	»	»	»	» » »	»	»	»
Janvier	10	Loubet	» Marchandises	m/fˢ.	2	900	Mai	2	Loubet	» Caisse.	40	890	»
»	»	»	» »	»	»	»	»	»	»	» Escompte.	42	10	»
Janvier	11	Borner	» Marchandises	m/fˢ.	3	300 75	Mai	9	Borner	» Marchandises Rendu.	43	288	80
»	»	»	» »	»	»	»	»	»	»	» Caisse.	49	11	95
Janvier	12	Froc	» Marchandises	m/fˢ.	4	750 45	Mai	4	Froc	» Marchandises Sa facture.	41	400	»
Mai	7	»	» Intérêts	Intérêts de retard.	42	4 55	»	7	»	» Effet à recevoir, nᵉ 35, 20 juin.	42	355	»
Janvier	14	Lheureux	» Marchandises	m/fˢ.	6	1050	Mai	12	Lheureux	» Effet à recevoir, nᵉ 40, 15 juin.	47	1009	»
»	»	»	» »	»	»	»	Juin	10	»	» Marchandises Sa facture.	51	41	»

Développement sur deux folios, ce qui permet tous les détails nécessaires ; le crédit en regard du débit ; un interligne pour les éventualités.

GRAND-LIVRE

DOIT.   **Créditeurs divers.**   **AVOIR.**

		DOIT								AVOIR			
1864 Mars	3	May	March^ses	19	89	»	1864 Janvier	10	Hoffman	March^s	2	5000	40
»	5	Edensor	Caisse	»	23	95	»	»	Reyd	»	»	3000	»
»	20	Lochet	Effets	20	89	»	»	11	Prosper	»	3	200	»
Avril	15	Hoffmann	Caisse	30	5000	40	»	12	Destruque	»	4	75	»
»	19	Smith	Effets	32	43	75	»	15	Lochet	Caisse	6	87	»
»	30	Crispe	»	35	700	95	»	17	Polaillon	»	8	95	25
Mai	2	Reyd	»	40	295	»	»	19	Edensor	Effets	9	25	»
»	4	Polaillon	»	41	100	»	»	21	Grispe	March^ses	11	700	95
»	9	Prosper	March^ses	43	200	»	»	23	May	»	13	69	»
»	12	Desteuque	»	47	75	»	»	27	Smith	»	15	63	75

pourquoi il est dû, comment soldé, quand ? Ils s'embourbent les maîtres.

motivée par les connaissances actuelles.
d'éprouver, avant l'ouverture, la fréquence des articles.

J. PREVOSTINI

———

LA TENUE DES LIVRES

EN PARTIE DOUBLE ET EN PARTIE SIMPLE

APPRISE SANS MAITRE

« Nouvelle méthode perfectionnée au moyen de laquelle, les écritu- »
« res sont très-abrégées ; mettant journellement sous les yeux du »
« commerçant le tableau exact de sa maison et permettant de faire »
« la balance en un dixième du temps qui exige tout autre sys- »
« tème. »

Par J. PREVOSTINI

J'allais fermer ici la parenthèse.

Mais M. J. Prevostini pourrait se prévaloir de ce jugement à priori ; pourrait arguer d'un manque de raisons : ne lui laissons pas cet échappatoire.

Nouvelle méthode, a-t-il avancé : et il offre cette pratique *vieille* comme la tenue des livres, *d'un brouillard* ; sur lequel sont transcrites les opérations.

d'achats, de ventes, de recettes, de paiements ; etc.

Nouvelle méthode perfectionnée, ajoute-t-il : et par proxilité il détaille les *ventes* sur le *journal* ; par brieveté il supprime les *numéros* d'ordre des *effets* ; enfin par augmentatif il détaille les *achats* et les *ventes* sur le *grand-livre*, au compte de marchandise ; il fait connaître l'époque d'*encaissement* au compte des effets à recevoir ; le jour de *paiement* au compte des effets à payer. Est-ce exécutable ? En quoi est-ce utile ?

Mais comme à la page 12 de son traité il expose *six comptes généraux* et qu'à la page 32 il en signale *sept* ; nous reconnaissons en toute humilité que nous sommes dans notre tort ; et que si cette méthode n'est pas perfectionnée, au moins elle est nouvelle.

Nouvelle méthode perfectionnée au moyen de laquelle les écritures sont très-abrégées.

Preuve : *Un grand-livre, plus un livre de comptes courants.*

Il est utile de remarquer que nous saisissons tout cela à vol d'oiseau ; que nous ne scrutons nullement. Si nous avons ouvert cette microscopique brochure, c'est que nous cherchons à tout voir ; si nous en parlons, c'est que nous tachons de tout faire reconnaître en cette question.

Mais qu'on le sache bien ; pas un seul professeur en partie simple ou double, n'a de méthode pouvant être apprise sans maître.

Qu'on se le grave bien là ; pas un seul auteur en partie simple ou double n'a de méthode abrégée, encore moins simplifiée.

Qu'il soit bien entendu enfin : que tous séparément ou réunis sont défiés en ce programme :

Mettre journellement sous les yeux du commerçant, le tableau exact de sa maison ; et fournir les moyens de faire une balance presque instantanément.

Dès l'instant qu'un martyre est condamné à traiter sur la tenue des livres ; il est contraint d'errer de la partie simple à la partie double ; souvent de mêler l'une à l'autre, l'une dans l'autre : il ne les unit pas, il les réunit.

Un négociant en partie simple, connaîtra lors de son inventaire l'augmentation ou la diminution de son actif ; mais ne sera renseigné : ni sur son chiffre d'affaires, ni sur les *escomptes*, ni sur les frais généraux, ni sur son bénéfice brut, ni sur son bénéfice net commercial, ni sur rien ; du moins d'après l'état actuel de la science.

L'édifice croulera qu'il ne saura pas pourquoi.

En partie double ; les escomptes seront pêle-mêle avec les pertes, les profits, les rabais, les intérêts ; au besoin avec les frais généraux : le travail sera doublé et triplé ; et obscurci par l'emploi de termes incompréhensibles, que la plus forte intelligence ne pourra jamais élucider un instant, pour elle-même.

Caisse doit ; c'est bête :

Qu'est-ce cela : *Caisse* ?

Il est dû à *marchandises* ; c'est stupide :

Qu'est-ce cela marchandises ?

Mais M. Prevostini a pensé que la petite brochure qu'il soumettait à l'examen du public, était rien moins que suffisante à l'assertion qu'il avançait.

Aussi trouve-t-on de lui une 5e ou 6e édition, (on ne peut savoir) revue corrigée et augmentée.

EXAMINONS

— PARTIE SIMPLE —

Mémorial, Brouillard ou Main courante

Ce livre est ainsi-nommé parcequ'il sert de mémoire.

On l'appelle aussi Brouillard *parce que toutes les affaires s'y trouvent comme mêlées* confusément *et pour ainsi dire, brouillées ensemble.*

Cette apologie maladroite suffit.

— PARTIE DOUBLE —

—

« On objectera qu'un négociant qui a des valeurs qui lui appartiennent
« par héritage ou autrement ; et qu'il vend au comptant ; n'est ni dé- »
« biteur ni créancier : dans la partie *simple* on aurait raison ; *c'est ce* »
« *qui en fait voir le vice ;* mais dans la partie *double* on a *personnifié* »
« tout ce qui regarde le commerce. »

Aperçoit-on d'ici des litres d'olive, des caisses de savons ; per-
sonnifiées ; ou des obligations de ch. de fer *qui ne sont même
pas valeurs commerciales.*

La partie simple, Monsieur, ne conserve le sens commun que néglige
trop souvent les soi-disant docteurs en comptabilité ; qu'à la seule con-
dition de ne pas *personnifier les choses.*

Poursuivons :

« Les livres auxiliaires sont des extraits du *Journal* ou plutôt du »
« *Brouillard :* il ne sont pas indispensables ; mais ils facilitent certai- »
« nes recherches. »

Des transactions surviennent :

Espèces reçues ou remises,

Effets reçus ou remis,

Marchandises entrées ou sorties.

Instantanément vous transcrivez cela sur des livres ad hoc, dits auxiliaires et en temps et lieu vous rapportez ces opérations sur le livre au
net, dit *Journal,* méthode actuelle : vous croyez bien faire ; point du
tout.

Ces livres auxiliaires, *devenant accessoires,* se composent en second
lieu, nous apprend l'auteur : Pourquoi ? Vous êtes bien curieux, vous
frisez l'indiscrétion.

Journal

—

« Chaque article qu'on porte sur ce livre, doit être composé de sept »
« parties qui sont. »

« La date, le débiteur, le créancier, la somme. »

Arrêtons-nous là.

« La quantité, la qualité, le prix. »

C'est faux.

Grand-Livre

—

« Tous les matériaux du grand-livre, sont extraits du »
« Journal. »

Nous demauderons à M. Prevostini, qu'avec cette pratique il mette *journellement* sous les yeux du *commerçant* ; le tableau exact de sa maison.

A qui raconte-t-il de pareilles balivernes ?

Pour remplir son programme : Méthode permettant de faire une balance en un dixième de temps qu'exige tout autre système : Qu'innovra-t-il ?

.Le système Journal Grand-livre.

Nous l'avons dit : Ce n'est pas un système, c'est un moyen ; et il ne donne de balance que pour les comptes généraux.

Nous avons vu qu'il mettait au jour un procédé de cartes lithographiques ; lequel nous paraît assez plaisant : mais cette désopilante rangée de cartes alphabétiquement ordonnées dans des boîtes ; ne nous semble pas moins une grotesque plaisanterie, pour ne pas dire le signe certain d'une absence complète de pratique.

— Adieu. —

Avant de continuer, je crois nécessaire de constater qu'en notre critique, n'entre que le redressement des comptabilités : la passation des écritures ne nous occupe pas.

Les livres sont mal tenus, nous le signalons ; mais telle écriture est mal passée, nous n'en parlons pas : Suppression de compte, transposition.

M. Pigier, que nous reconnaissons pour le maître en ces passations en a fait l'objet d'une brochure dont nous ne voudrions pas renouveler l'édition ; d'autant plus qu'il pourrait s'en formaliser *et nous attaquer en dommages intérêts* ; comme il le laisse entendre.

Puis lors que le début, l'ordination, la composition des livres surnommés auxiliaires ; est mal comprise, les écritures en reçoivent nécessairement le contre coup.

Enfin quand la pratique vulgarise le procédé de la transcription préalable des articles au *journal* ; au préjudice du *grand-livre :* il n'est pas opportun, il est même impossible de prétendre à une passation régulière, normale des écritures.

Tout est abandonné au hasard, au caprice, à la fantaisie ; ou à la lettre de la loi qui veut : que jour par jour les opérations soient transcrites sur le *Journal*.

J'ai un moyen bien simple d'accorder tout le monde ; la loi et le commerce, le général et le particulier, la société et l'individu ; mais ce n'est pas encore le moment de l'exposer.

Qu'il soit seulement bien acquis, que toutes objections, toutes critiques, toutes difficultés ; seront aplanies, satisfaites, vaincues.

J.-P. MILTON

J.-P. MILTON

Nouveau système théorique et pratique de tenue de livres

Nous verrons enfin un travail sérieux, une pratique expérimentée dans *une* de ses parties, et non pas celle des moins importante : il était temps.

C'est rebutant à la longue, que de ne voir toujours que du laid, du faux, du clinquant.

Non qu'il n'y ait beaucoup à réformer en ce système ; trop proche parent des autres ; mais au moins il y a en lui *une idée pratique, ce que nous n'étions pas habitués à rencontrer jusqu'à présent* : et de plus cette idée féconde en résultat, *prouve une des assertions avancées par l'auteur ; ce qui le différencie des autres, qui semblent avoir pris à tâche de se donner sans cesse des démentis.*

Pour M. Milton, ce ne sont plus des achats des ventes et leurs conséquences qu'il a à mettre en cause ; ce sont des échanges de valeurs.

Aussi ne voit-on fonctionner chez lui que des entrées et des sorties.

Au point de vue social, conséquemment des comptes généraux et particuliers commerciaux ; cet axiome est juste : il n'y a là qu'un échange de valeurs ; mais au point de vue personnel, il y a ventes et achats.

Suivons-le dans la pratique.

Page 23 : le 16 janvier 185....

Mon domestique m'a volé f. 100 :

Ceci représente une valeur sortie ; un compte doit donc être crédité je dis un compte de valeurs ; mais à coup sûr un débit qui n'annonce que l'entrée des échanges, ne doit pas trouver place ici.

Cependant cela est.

M. Milton appuyé sur la partie double avance :

PERTES ET PROFITS A CAISSE

Il ressort de là et très-clairement ce que nous avons démontré page 17 : *que le compte de pertes et profits,* n'est ni un compte *général* ni un compte *particulier commercial ;* mais bien un compte *général personnel.*

Car s'il était un compte général ou particulier commercial, ce serait compte *de valeurs ;* et il serait absurde de porter à son débit, *à l'entrée,* une valeur *sortie ;* et comme dans le fait, l'écriture qui nous occupe, il n'y a pas d'échange ; puisque c'est un vol, une sortie sans entrée ; le débit au compte de pertes et profits ne représente pas une entrée.

C'est affaire de teneur de livres ; opposant débit à crédit.

Mais M. Milton qui ne possède pas notre nouvelle classification des comptes ; comment peut-il énoncer que les débits représentent l'entrée des valeurs ?

C'est une perte qui entre au compte de *pertes et profits ;* pourra-t-il dire avec d'autres professeurs : mais je ne lui ferai pas l'affront de lui démontrer la niaiserie de cette explication ; puis avec lui nous ne parlons pas de comptes, mais d'entrées et de sortie de valeurs.

Pourquoi alors cette entrée pour une valeur sortie ?

Sans doute l'issue à cette inextricable solution, est fournie, procurée par notre classification ; mais nous disséquons en ce moment un système nouveau : pourquoi se trouve-t-il empêché dans les preuves de ses définitions ?

Reconnaissons donc que Mʳ J.-P. Milton a été mal inspiré, ou seulement à demi inspiré dans sa règle générale :

> Que *les débits annonçaient l'entrée des valeurs,*
> Que *les crédits avertissaient de leur sortie,*
> Que *tout cela représentait des échanges* .

Autre exemple de ce fourvoiement.

Page 24, 19 janvier 185....

Une créance Bonnet que j'avais oubliée, m'est restituée.

Voilà bien une valeur qui entre, nous allons donc la porter à une entrée à un débit, mais sans sortie puisqu'il n'y a pas d'échange, de sortie.

Point.

M. Milton soufflé par la tenue des livres en partie double, ne crédite pas Bonnet ce qui serait logique ; mais un compte général, pour lui, donc un compte de valeurs ; il enseigne que cette *entrée* doit être portée à la *sortie* du compte *pertes et profits,* et dit :

CAISSE A PERTES ET PROFITS

C'est encore affaire de teneur de livres ; opposant crédit à débit.

Ce n'est pas répondre que d'exposer le *mécanisme* d'un système ; cette vieille charpente se meut, bien ; non pas comment, nous le savons ; mais pourquoi ? Il faudrait sortir de la routine, pour expliquer cela.

Que ce professeur nous excuse si nous le prenons *particulièrement* à partie ; si *personnellement en son système,* nous attaquons l'erreur, la coutume *générale*, mais qu'il veuille bien remarquer qu'au sujet du compte de pertes et profits ; la contradiction est plus, beaucoup plus frappante chez lui par son principe *d'échange de valeurs, d'entrées et de sorties ;* que chez tous les autres professeurs, par leur mécanisme *de doit et avoir, qui reçoit, doit.*

Sans doute cela tient à ce qu'ayant voulu scruter plus, approfondir mieux, la tenue des livres en *partie double ;* il a nécessairement été amené à mieux et plus faire ressortir les contre-sens qu'elle renfermait ; mais enfin en son travail, l'embarras *général* est evident ; et de cet embarras, il faut sortir les *millions de personnes que de pareilles questions intéressent au plus haut point.*

En effet les mécaniciens de la tenue des livres, qui enseigneront, que :

Tout compte qui reçoit, doit ;

n'ont pas à être interrogés sur le pourquoi ou le comment ; ils ont cherché une formule servant à guider à travers le pêle-mêle de comptes généraux, particuliers, personnels ; ils ont voulu procurer une pierre de touche à débit et à crédit ; et ils ont réussi.

Ne leur demandez aucune explication, ils ne pourraient vous la donner ; pour eux tout est compte.

Mais vous, Monsieur, qui d'une conception bien supérieure ; avez deviné dans la *tenue des livres,* la *comptabilité ;* qui avez reconnu le côté social, dans *l'échange de valeurs ; l'entrée la sortie* de valeurs ; vous rendez obligatoire cette question :

Qu'est, que veut, que signifie le compte *de pertes et profits ?*

Sans doute il a une raison d'être ; mais quelle est-elle ? Pourquoi renverse-t-il toute idée reçue en comptabilité ?

Certainement les expressions *doit, débit, entrée,* sont synonymes ; pourquoi avec ce compte, *doit, débit,* sont-ils synonymes de *sortie.*

Il faut cependant donner une raison raisonnée, de ce bouleversement des notions admises.

Nous allons tacher de vous tirer d'embarras.

Jusqu'au jour où les errements reconnus comme composant la science en comptabilité ; ne seront pas écartés pour faire place aux véritables principes :

La solution cherchée est introuvable ;

mais du moment que les principes nouveaux seront admis :

La question sera instantanément résolue.

Or voici ce qu'on y découvrira, les conséquences qui en sortiront, sommairement : plus tard nous étendrons l'idée.

La comptabilité est virtuellement exigée par la société.
La tenue des livres seule ; suffit à l'individu.
La première a confusément été dénommée, partie-double.
La seconde par opposition fut dite, partie simple.
Les comptes qui composent la comptabilité sont donc commerciaux.
Ceux qui servent à la tenue des livres sont individuels.
La tenue des livres a pour organisme la personnalité.
La comptabilité, elle, a la généralité.
Ces bases sont donc les comptes généraux, représentant des valeurs.
Ces valeurs entrent et sortent, s'échangent nécessairement.
Or le compte de pertes et profits n'est pas un compte commercial ; il n'a donc pas à être astreint aux mêmes règles : *il est l'opposé.*

Journal

—

Outre la conception comptable de l'échange de valeurs, de leur entrée et de leur sortie ; substituées à la banalité des doits et des avoirs pour les comptes *dits* généraux ; conception dont nous venons d'effleurer l'avortement, produit par l'admission, la confusion du point de vue commercial avec le point de vue individuel ; outre cette conception, disons-nous ; M. Milton a une prétention,

Moins heureux en cela ; il prétend pouvoir *faire connaître instantanément une situation commerciale.*

Examinons donc ses moyens.

Nous ne nous arrêtons pas sur *le Brouillard ;* nous avons déjà assez parlé de cette grossière erreur, et des mauvaises conséquences qui en découlent.

Jugeons seulement en premier lieu de sa pratique, dans la passation des écritures d'un livre à un autre ; puis de la composition et de la classification d'une ou deux de ces écritures, prises au hasard sur le journal ; M. Pigier nous permettra bien cela, sans intenter d'action contre nous.

La passation, qu'il adopte, des écritures d'un livre à un autre ; prend encore sa source dans le culte voué au vieux mode. Ce respectable sentiment filial, lui a cependant gâté sa conception *d'entrée et de sortie.*

Elle débute par un Brouillard ;
atteint et s'étend sur le Journal ;
puis parvient au Grand-Livre.

COMPOSITION D'ÉCRITURES SUR LE JOURNAL

—

Marchandises générales à Caisse

« Payé pour achat au comptant sans escompte, à Alexandre de Paris, »
« des articles suivants :
« 25 ᵐ drap à fr. 20 «   l'un   500
« 50 ᵐ de toile à fr. 10 «   l'un   500
«   ensemble. . . . . fr. 1,000 =

Tous les exemples donnés sont de cette prolixité.

M. Pigier objecterait à cela, que si cette écriture se composait de 20 ou
30 articles il faudrait beaucoup de temps pour en faire la rédaction ; que
s'il y en avait une grande quantité dans un mois, la confection *mensuelle*
du Journal serait impossible ; enfin que les achats ne se détaillent même
pas au *Brouillard,* la facture originale restant toujours en la possession
de l'acheteur ; à plus forte raison au *Journal.*

Et M. Pigier aurait raison.

Achat au comptant suffirait, quoique non pratique.

Nous, nous ajouterons qu'avec des ventes, des recettes, des paiements,
des escomptes, etc., etc. ; passés au *Journal* d'après cette donnée, et des
écritures d'articles ainsi tronqués : *la connaissance instantanée d'une
situation,* devient aussi chimérique ; que celle de : *la tenue des livres en
20 leçons et sans maître.*

Mais si à cette luxuriante composition, ce professeur joint une défec-
tueuse *classification* des articles ; alors la connaissance d'une *situation*
sera reportée aux calendes Grecques.

DÉFECTUEUSE CLASSIFICATION DES ARTICLES AU JOURNAL

—

Caisse à Pertes et Profits

Reçu par le commandant de l'Astrolabe pour ma part de la
succession de mon oncle mort aux Indes.   *fr.* 10,000 =

Ceci est ce que le système de M. Milton offre de plus défectueux ; ce en quoi il redescend au niveau de la gent des professeurs vulgaires.

Hâtons-nous donc de lui démontrer de quel côté il s'égare, pour arriver à *l'idée pratique* que nous avons signalée dans son travail ; après quelques mots sur son *Grand-livre*.

Le compte de *Pertes et Profits*, ne doit, d'une façon absolue, contenir que les pertes et profits de l'année *commerciale* ; résultant des *échanges*, des *entrées* et des *sorties*.

On ne doit donc en faire usage, et s'attacher à cela scrupuleusement, absolument ; qu'au moment de l'inventaire : ce qui à cette époque porte à la connaissance du commerçant, du fabricant ; l'augmentation ou la diminution de son Capital.

Si entre temps :

« une succession vous échoit, un vol vous est fait ; si vous re- »
« cevez un cadeau, ou faites une dot ; »

ces faits venant modifier, non le résultat comptable de vos transactions d'une année ; mais l'intégrité primitive de votre *Capital* ; doivent être traduits par des écritures destinées au compte qui le représente.

Car, remarquez-le bien, il n'y a là encore ni *entrées* ni *sorties commerciales*, de *résultats* de transactions commerciales, et de plus ; il n'y a même pas à enregistrer.

Appliquons cette règle.

Le bénéfice annoncé par M. Milton comme résultat des transactions d'une période *d'un mois* :

s'élève à f. 11,973, 50.

Or, remarquons, comme le négociant qui possède des écritures à ce point faussées, est induit en erreur.

Une somme de f. 10,000 =

provenant d'une succession, ayant été appliquée à son compte de *Pertes et Profits* ; au lieu de l'être à son compte de *Capital :* il se trouve que les opérations commerciales de ce négociant, n'ont produit en bénéfice que :

la somme de f. 1,973, 50.

Voilà le vrai résultat, le résultat honnête qui ne faussera l'appréciation d'aucun intéressé ; *et fera connaître une situation.*

Grand-Livre

Nous venons de démontrer combien *une situation instantanée* est impossible ; avec des écritures passant par le *Journal*, pour aller se classer sur le *Grand-livre :* plus, avec des opérations développées à nouveau dans tous leurs détails.

Puis nous avons expliqué, fait comprendre ; qu'une *situation* ne peut être fournie, instantanément ou séculairement ; avec une mauvaise classification des articles au Journal.

Mais quant au *Grand-livre*, il n'a pas à influer sur les conséquences rapides de l'établissement d'une situation ; car en toutes espèces de méthode, sa confection est indispensable. Il est cependant utile, de remettre souvent sous les yeux du lecteur ; les principes qui le régissent.

8

Les principes qui régissent la composition du *Grand-livre* ; nous en avons donné sommairement la nomenclature page 42, 43, 44 ; nous y renvoyons.

Qu'il soit donc seulement admis que M. Milton a encore trébuché dans ce second problème :

Connaissance instantanée d'nne situation commerciale.

Nous lui dirons néanmoins que pour connaître :

La situation personnelle des C^{ts} débiteurs et créditeurs ; il faut sur le *grand-livre* énoncer l'échéance des effets remis ou reçus ; expliquer les motifs de solde par le compte de *Pertes et Profits,* etc., etc.

Car sans l'adoption de ces principes, tout commerçant marche rapidement de découverts en pertes, de pertes en faillites ; et ruine les autres.

Pour toutes transactions, échanges :

Le Grand-Livre c'est la vie ou la mort.

Mais demandera-t-on, comment parvenir à connaître rapidement une situation ; instantanément.

> « *Il faut pratiquer la division du travail sur des livres ad* »
> « *hoc pour chaque espèce de transaction, d'échange : puis,* »
> « *comme l'enseigne M. Pigier, porter directement les ar-* »
> « *ticles de ces brouillards au grand livre ; sans se préoc-* »
> « *cuper du journal ; enfin adopter les comptes centrali-* »
> « *sateurs de fournisseurs et clients divers, préconisés* »
> « *par M. Milton ; et sous d'autres titres, par d'autres* »
> « *auteurs.* »

Mais encore objectera-t-on, faudra-t-il connaître la valeur des marchandises restant en magasin.

Alors, pour réponse, nous ferons connaître l'idée de M. Milton.

« Elle consiste dans une ingénieuse combinaison appropriée à l'emploi
« du *livre de magasin.* »

Nous félicitons sincèrement ce professeur, de l'adoption du choix de division qu'il a posé en principe.

Son procédé permet en effet, la pratique ci-contre étant admise ; *non-seulement de connaître instantanément une situation ; mais encore sans inventaire* ; et cela dans presque tous les cas.

Ici donc nous rencontrons un aperçu nouveau, un acheminement vers une solution ; et l'auteur n'a pas menti à ce qu'il avait annoncé : Sans inventaire.

C'est tout ce que la partie double enseignée par M. Milton, peut nous procurer en nouveaux renseignements. Le surplus a déjà été passé au crible de la critique, dans l'examen des traités de ses confrères ; car par malheur il a cru devoir suivre pour beaucoup, leurs errements.

Nous n'exposons pas son modèle de *livre de magasin*, de *livre de marchandises :* nous réservons un chapitre spécial, consacré à cette exposition ; et là seront développés en regard les uns des autres, les divers modes des auteurs de quelque valeur ; pour que de cette confrontation la vérité se saisisse supérieurement.

On a pu de même remarquer, que nous n'avons encore dit mot, des comptes de société ; soit en 1/2, 1/3, 1/4, des comptes de participation, de consignations.

Cela tient à ce que nous tenons à traiter ces questions particulièrement; dussions-nous y consacrer une brochure sépéciale.

DE LA PARTIE SIMPLE

« Selon nous, dit l'auteur, *cette comptabilité* necomporte pas de »
« principes, attendu qu'elle n'a rien de fixe ; chacun pouvant pro- »
« céder à sa façon et suivre une voie différente , sans nul inconvé- »
« nient. Elle ne peut être considérée que comme un memento par »
« ordre chronologique ; des affaires faites par le négociant. »

Selon nous ce memento n'est pas *une comptabilité*, ou pour mieux dire *la comptabilité :* c'est une *tenue de livres ;* comme nous l'avons démontré page, 93 : si cette *tenue de livres* ne comporte pas de principes ; c'est que ceux-ci ne sont pas assez connus pour la transformer en *comptabilité.*

Je n'en veux pour preuve que la persévérance de M. Milton à ne se servir que *d'un* Brouillard ;

Pour prouver sans doute la justesse de son assertion, prétendant que cette *tenue de livres* ne comporte pas de principes ; il y enseigne au *Journal,* l'inscription des transactions faites au comptant ; de même au *Grand-Livre* et conséquemment, il ouvre un compte destiné aux opérations de caisse, un autre aux opérations de marchandises.

M. Doublet avait été moins hardi.

Il n'avait, lui, osé ouvrir au *Grand-Livre* que le compte de caisse : il est vrai que la destination n'était pas la même.

C'est toujours la conséquence des recherches que fait M. Milton, de principes pour la comptabilité.

Il faut lui en savoir gré ; mais il eut dû poursuivre, approfondir cette intuition , il eut fait faire un pas vers la solution.

La partie simple, telle qu'elle est et pour ce qu'elle est, ne peut admettre aucun compte commercial ; ni au *Journal* ni au *Grand-Livre* ; ou elle devient partie mixte, tronquée, inachevée, ou si l'on aime mieux, monstrueuse, bicéphale.

Voilà le principe.

Elle est individuelle, et ne doit contenir par conséquent, que les écritures applicables aux personnes ; non aux choses.

Ce professeur ajoute, page 134, en guise de péroraison : « la diffé- » « rence qui existe entre la partie double et la partie simple ; consiste » « dans la *suppression au Journal* servant à ce dernier mode, de » « deux mots dans la rédaction des articles : »

« et comme conclusion : »

« cette même suppression frappe ce mode de comptabilité de stérilité. »

Ce n'est pas justement raisonné.

Au point de vue des méthodes et systèmes en usage, pour la tenue des livres en partie double et simple ; la différence qui existe entre ces dernières, consiste dans l'adoption pour l'une, de *comptes généraux* et particuliers en plus des *comptes d'individus* ; pour l'autre dans le rejet de tout *compte* qui ne représente pas *une personne.*

Si l'on aime mieux d'après moi, pour l'une dans l'essai de fusion de *l'objet* avec *le sujet* ; ce qui se traduira par la comptabilité de l'avenir ; pour l'autre dans l'exclusion absolue de *l'objet,* du commerce afin de n'avoir à satisfaire que les exigences du *sujet*, de l'individualité.

Les mots ou titres n'ont eu d'autres buts que de rendre plus facile la classification au *Grand-Livre* ; et le report des articles à chaque compte,

En effet, que M. Milton complète son exposition de la tenue des livres en partie simple : en ajoutant au compte de *Caisse* et à celui de *Marchandises*, qu'il y introduit ; les comptes d'*Effets à recevoir*, d'*Effets à payer*, de *frais-généraux*, etc.; enfin tous ceux que comporte la partie double ; mais que néanmoins il fasse rejeter l'usage des termes, et je lui jure qu'il restera dans le système de la partie simple *avancé par lui ;* mais qu'il se trouvera en pleine partie double.

Du reste si la différence de ces deux systèmes, ne consistait que dans la suppression de *deux mots ;* ce professeur aurait inutilement traité de la partie simple, il n'avait qu'à dire : en retranchant les termes de la partie double, cela suffit pour connaître la première : et il aurait faussement accusé la partie simple d'être seule *sans principes ;* car la partie double n'en aurait pas comporté davantage ; ceux-ci n'étant pas subordonnés à des mots, du moment que les principes ne sont pas changés.

> « *La suppression de termes ne frappe donc pas une tenue de* »
> « *livres de stérilité ; mais peut très-bien servir à l'envelopper* »
> « *d'obscurité.* »

Ceci vient infirmer ce que cet auteur ajoute : c'est-à-dire, que toute clarté disparaît dès que l'on retranche *deux* termes ; et qu'il n'est plus permis alors d'ouvrir des comptes généraux au *Grand-Livre.*

Pour cette ouverture, il a eu soin de se donner un démenti en intercalant dans son système de partie simple ; et cela sans terme.

Un compte de Marchandises,
Un compte de Caisse.

Mais nous ne voulons pas clore la discussion avec M. Milton, terminer l'étude de sa théorie ; sans en profiter pour dire quelques mots nécessaires à l'instruction des personnes, qui s'obstineraient à pratiquer la tenue des livres dite :

Partie simple.

Nous prétendons leur démontrer qu'elles pourront toujours, à l'encontre de ce que disent tous les auteurs et professeurs en la matière, s'assurer de l'exactitude du transport des écritures *des Brouillards* au *Journal* ; et de celle du transport des articles du *Journal* au Grand-livre.

Il est entendu que cette certitude ne trouve pas préjudice, dans le procédé du transport direct des articles, du *Brouillard* au *Grand-Livre*.

Pour parvenir à ce résultat le moyen est des plus simple.

Aux Brouillards.

« Sortir dans une colonne tous les totaux des articles appartenant »
« à des *comptes personnels* : »
« Placer dans une seconde colonne tous les totaux des articles ap- »
« partenant aux comptes *généraux* et *particuliers* de la partie »
« double : »
« Enfin additionner la colonne des *comptes personnels*. »

Au Journal

« Opérer de même. »
« De cette façon toutes les opérations d'une maison seront selon »
« le vœu de la loi inscrite : »
« *Aux brouillards* ; puisqu'étant divisés ils forcent l'inscription »
« de la vente au livre de vente, de la recette aux livres de caisse, »
« etc., etc : »
« *Au journal* ; puisque les articles composant les c^tes généraux, »
« ne s'immiscent pas dans les totaux. »

Au Grand-Livre

« Additionner tous les comptes personnels. »

Ceci fait l'addition des trois livres doit être égale ; et l'on est ainsi assuré de l'exactitude du report des écritures et du transport des articles.

Que M. J. P. Milton essaie de cette combinaison, et je suis convaincu qu'il reconnaîtra, quoiqu'il en dise ; qu'en partie simple l'inventaire peut offrir une garantie de certitude. Surtout en ce qui concerne les comptes courants il admettra ; qu'il est excessivement facile d'être averti des erreurs.

Mais si à ce procédé il ajoute, sur les *Brouillards* et sur le *Journal*, une troisième colonne ; alors il obtiendra une colonne pour les débits, une pour les crédits ; ses recherches d'erreurs seront encore de beaucoup plus facilitées.

Ce que nous offrons là est un moyen, ce n'est pas une solution.

Néanmoins en quittant M. J. P. Milton, nous persistons à dire que d'après ses prémices ; cet auteur pouvait et devait faire beaucoup mieux *que le nouveau système de tenue de livres*, qu'il a livré au public.

F. S. ET ORTLIER

« Nous allons maintenant examiner *rapidement* trois ou quatre »
« traités qui peuvent présenter quelques aperçus nouveaux : nous »
« nous astreindrons d'autant mieux à cet engagement, que la lecture »
« attentive de tout ce qui précède ; a dû rendre familier le nouvel »
« ordre d'idées que nous voulons nationaliser en notre France. »

« Alors libre de toutes distractions, nous irons trouver M. Louis De- »
« planque. »

« *Il prétend être rompu à toutes les joutes, faire un jeu de tous les* »
« *exercices, connaître théoriquement et pratiquement toutes les stra-* »
« *gies : c'est ce que nous verrons.* »

« *Qu'il s'apprête à un combat à outrance sans grâce ni merci :* »
« *plus haut il est placé, plus il a dit, plus il a expliqué ; plus nous* »
« *aurons matière à développer nos principes, plus nous convaincrons* »
« *de la force de nos arguments.* »

TENUE DES LIVRES

A PARTIES SIMPLES ET A PARTIES DOUBLES

Par MM. F. S. et ORTLIER

17ᵉ ÉDITION. 1839

Brouillon, Journal, Grand-Livre

A PARTIE SIMPLE

Ce traité est précieux pour les observations à enregistrer.

Le principal de tous les livres est le *Journal* ; il est la base et le fondement de tous ceux qu'on peut ou qu'on veut y ajouter.

On le divise quelquefois en plusieurs journaux partiels.

« Lecteurs, notez pour l'avenir cette phrase soulignée ; nous vou- »
« drions la faire graver au burin. »

La loi ne s'explique pas sur le mode de tenir les livres, continuent MM. F. S. et Ortlier.

« Ce qui prouve que nous sommes *légalement* dans notre droit en »
« cherchant les lois qui doivent régir la *comptabilité sociale* ; que nous »
« nous renfermons encore dans les limites de notre devoir, en expli- »
« quant à nos concitoyens ce que nous croyons être pour jamais ; *la* »
« *balance* de leurs *droits* et de leurs *devoirs* : qu'on se le dise. »

Journal

—

Les écritures dans les parties simples sont relatives à celui qui agit avec nous.

« Ceci vient renforcer ce que nous avons intronisé, par notre classi- »
« fication des comptes généraux et particuliers : le commerçant croit »
« tenir ses livres, c'est une illusion ; en partie simple il dresse état des »
« comptes de ses *débiteurs* et de ses *créditeurs*, et le leur soumet : en »
« partie double, il fait même chose pour ceux-ci ; plus il tire la quin- »
« tessence des résultats ; traduit, par les comptes généraux, la signi- »
« fication des opérations ; par les comptes particuliers la certitude des »
« nécessités, et attend que la société vienne juger de son honorabilité »
« de sa capacité ou de son imprévoyance : preuve entre mille ; *les* »
« *faillites.* »

Comme on n'envisage dans les parties simples que des débiteurs et des créditeurs ; les opérations au comptant ne devraient point trouver place au Journal.

« M. Milton est de l'avis contraire. »

Elles peuvent être consignées dans la caisse, livre auxiliaire. Néanmoins nous conseillons de passer écritures au Journal, de certaines opérations faites au comptant dont on veut conserver le souvenir ; en indiquant que c'est pour note ou pour mémoire.

« N'en déplaise à ces messieurs, les opérations au comptant doivent »
« trouver placer au journal ; et ce n'est pas sous forme de conseil qu'il »
« faut y enseigner leur inscription ; mais comme règle absolue. Et ce »
« n'est pas à *certaines* opérations au comptant, ni mêmes à toutes »
« qu'il faut limiter l'inscription au Journal ; c'est à celle de toutes opé- »
« rations de toutes transactions de quelle nature que ce soit, qu'il faut »
« l'étendre. »

» J'en ai facilité les moyens page 103, et de plus ; MM. F. S. et »
« Ortlier qui ont vu que la loi ne s'expliquait pas sur le mode de tenir »
« les livres ; aurait pu s'assurer qu'elle prescrit expréssément que : «

> » *tout commerçant est tenu d'avoir un livre Journal* qui présente, »
> » jour par jour ses dettes actives et passives, les opérations de »
> » son commerce, ses négociations, acceptations ou endossements »
> » d'effets ; et généralement tout ce qu'il reçoit et paye, *à quel* »
> » *titre que ce soit* ; etc. »

PARTIE DOUBLE

Journal en parties doubles

« Si les auteurs de ce traité ont raison dans leur persistance à la »
« *pluralité des parties simples et doubles*, en tenue des livres ; nous »
« serions bien aise qu'ils nous gratifiassent d'une *totalité simple* : en »
« tout état de la question, cette pluralité ne sert pas à confirmer de la »
« certitude et de la fixité des principes reconnus en comptabilité. »

La méthode des parties doubles *considère toujours et ensemble* les
sujets *ou les personnes qui concourent à une action.*

*Le commerce est représenté sur les livres par les objets qui font la
matière des opérations de ce commerce ; et par le résultat de ces opérations.*

« *Ebauche* de la reconnaissance distinguée en *sujet* et *objet :* cette »
« reconnaissance en effet n'est qu'instinctive ; car les *parties simples* »
« considèrent aussi les personnes, toujours et ensemble, qui concourent »

« à une action : et ce n'est pas le commerce qui est représenté sur les »
« livres par *l'objet* qui fait la matière des opérations ; c'est *l'objet* qui »
» fait la matière des opérations, qui est représenté sur les livres par »
« les comptes commerciaux appropriés à un commerce. »

Nous ne signalerons plus qu'une chose ; en cette méthode : c'est que ses auteurs soldent au *grand-livre* le compte *de Frais-Généraux, par celui de Marchandises Générales.*

Nous les approuvons car :

La fusion de ces comptes est la seule rationnelle, et malheureusement elle est trop peu pratiquée : ils auraient dû ajouter : *l'objet* d'un commerce est le principal, il faudrait peut-être pour dire mieux, est le tout : les frais qu'il nécessite *directement* doivent lui être *instantanément* accolés ; ceux qu'il rend urgent *indirectement*, peuvent être catégorisés *momentanément* dans un compte à cet effet, à cet usage ; mais à l'époque de la recherche des résultats, dite *inventaire* ; ce compte doit retourner se fondre dans celui qui lui a donné naissance.

« De terre tu es composé, à la terre tu dois retourner. » Car alors même que quelques auteurs admettent cette fusion, ils surchargent, en général, le compte de *frais-généraux* de trop de frais, qui en faussent l'intelligence : ce sont ceux que nous venons de désigner comme nécessités *directement* ; tels que transports, octrois, etc. ; de et pour l'objet du commerce.

Ceux-ci doivent être accolés *instantanément* ; ajoutés au prix d'achat.

Les appointements d'employés, les loyers etc., rendus urgent par et pour l'objet du commerce, mais *indirectement* ; doivent seuls servir à la composition du compte de Frais Généraux.

L. CHEVALIER

TRAITÉ ÉLÉMENTAIRE

DE

TENUE DES LIVRES

EN PARTIES SIMPLES ET EN PARTIES DOUBLES

PAR

L. CHEVALIER

Ouvrage autorisé par le Conseil Royal de l'Instruction publique

1843

Jugeons des éléments de tenues de livres que le conseil Royal de l'instruction publique, a reconnu valoir son autorisation.

C'est très-grave, que de patronner ce qu'une jeune génération va prendre pour article de foi.

Nous remarquerons en premier lieu, que s'il nous est jeté au visage à titre d'insulte, le *doute* endémique, répercuté, dont on prétend que nous, fils de 1830, nous sommes infestés ; ce n'est pas juste : car lorsque nos maîtres d'une part, et des conseils Royaux de l'autre ; viennent nous fatiguer les oreilles de *plusieurs parties simples ou doubles*, en tenue de livres ; nous nous renfermons strictement dans la sphère de la raison, *en doutant*.

Préférerait-on qu'on leur dise qu'ils ont menti ; ou qu'ils sont des ignares.

Le doute fatigue, épuise ; mais il est honorable, dans . . . . *le doute*.

En cette occurrence il a même signification que recherche : qui donc se plaindra ?

9

M. L. Chevalier eut rendu un véritable service à ses élèves ; en leur démontrant la différence bien tranchée de toutes ces parties simples et doubles : il eut prouvé sa thèse en faisant toucher du doigt, la supériorité de la partie qu'il enseigne.

Avec lui la certitude de la science, est plus que douteuse.

Que vient-il professer ; sur quelle autorité s'appuie-t-il ?

TENUE DES LIVRES EN PARTIE SIMPLE

—

Brouillard.   *Il est indispensable en parties simples ; mais dans les parties doubles on peut fort bien s'en passer. La raison est qu'en parties simples, le livre qu'on appelle Journal ne présente que les affaires à termes.*

« D'autres ne sont pas du même avis que ce professeur, nous l'avons »
« vu ; nous le verrons mieux plus tard. Quelques mois de pratique »
« dans une maison de commerce ; et il eut reconnu non-seulement »
« qu'un *Brouillard*, mais même *plusieurs Brouillards* sont indispen- »
« sables en toutes tenues de livres. »

Un vice radical dans le mode des parties simples, en rend l'emploi dangereux : c'est le manque d'unité et par conséquent l'impossibilité, ou tout au moins la difficulté extrême, de contrôler les écritures et de retrouver les erreurs.

« Erreur très-grave ; (voyez page 103). »

« Toute espèce de tenue de livres peut être établie honnêtement ; »
« peut fournir un contrôle ; donner les moyens de retrouver les erreurs »
« à défaut de cela ; *le vice ne réside pas radicalement* dans les parties »
« simples, mais dans le non savoir des maîtres et dans la *dangereuse* »
« *acceptation* de leurs élucubrations ; par des conseils Royaux de »
« l'instruction publique. »

« Ce qui vicie la tenue des livres ; c'est l'absence de *renseignements* »
« *généraux* et particuliers commerciaux ; et c'est ce qu'on a cherché »
« dans la partie double, qui deviendra la *Comptabilité.* »

*Mais, ajoute M. L. Chevalier page 41 ; on répliquera qu'en parties
simples :*

L'entrée et la sortie de l'argent et des marchandises, sont inscrites au
débit et au crédit du livre de Caisse, du livre de magasin : *(oui c'est ce
que je répliquerais).*

L'entrée et la sortie des effets à payer, des effets à recevoir, figurent
aux carnets d'échéances. (*Je ne dirai jamais cela*).

*L'observation est juste, et elle condamne sans appel les partisans des
parties simples.*

« Nous, nous concluons : l'observation est juste et elle condamne »
« sans appel les partisans de la *partie double.* »

« *Sortons de là :* bon gré, mal gré, une partie simple est double ; »
« qu'on le sache ou qu'on l'ignore : *la partie double n'existe que pro-* »
« *visoirement.* A sa mort, il lui aura fallu un siècle pour faire con- »
« naître la qualité de la première et en laisser subsister la simplicité. »

TENUE DES LIVRES EN PARTIES DOUBLES

Brouillard. *J'ai dit* (c'est M. L. Chevalier qui parle) *que ce livre se tient ici de la même manière qu'en parties simples.*

« Nous ajouterons qu'il a même dit qu'on pouvait s'en passer en » « parties doubles. »

Comptes Généraux : *Caisse,*
Marchandises Générales,
Effets à recevoir,
Effets à payer,
Pertes et Profits.

Ces 5 comptes sont dit généraux, par opposition aux comptes particuliers des personnes. (page 42).

En plus le commerçant ouvre aussi un compte particulier *de mobilier ou d'immeubles.*

Ces comptes rentrent dans la classe des comptes généraux ; *cela posé voici la règle que l'on suivra.*

« Pardon, Monsieur ; mais tout ceci est par trop élémentaire : *votre* » « *majeure,* explique que ces 5 comptes sont dits *Généraux,* par oppo- » « sition aux comptes *particuliers* des *personnes :* »

« *Votre mineure,* que le commerçant ouvre aussi un compte *parti-* » « *culier,* de mobilier ou *d'immeubles :* »

« Votre conclusion, que ces comptes *particuliers* de mobilier ou » « *d'immeubles,* rentrent dans la classe des comptes *Généraux.* »

« Que voulez-vous dire. »

« M'est avis que tout cela demande explication. »

« Tous vos comptes *Généraux* appartiennent-ils bien à cette caté- »
« gorie ? Le compte Pertes et Profits ne serait-il pas par hasard un »
« compte *personnel* au négociant ? Je ne dis pas particulier. »

« Les comptes des *personnes* sont-ils certainement des comptes *par-* »
« *ticuliers* ? Ne seraient-ils pas mieux dénommés, qualifiés de comptes »
« *personnels* ? »

« Pouvez-vous affirmer que vos comptes *particuliers* de meubles ou »
« d'immeubles, rentrent dans la classe des comptes *Généraux*, pouvez- »
« vous le prouver ? »

Je ne presserai pas plus sur des principes aussi vagues ; ce ne serait
qu'augmenter la perplexité de ce professeur dans la classification des
comptes : en effet, page 49, on lit :

Le compte de Capital n'est ni compte Général, ni particulier.

« Qu'est-ce alors ? »

« Mais il n'est pas plus heureux dans la composition de ces comptes. »

Il dit page 56.

Les articles que l'on peut porter au compte de Pertes et Profits sont :
des commissions, des courtages, des rabais, des intérêts, des dépenses,
des frais.

« Non ! pour tout ; sauf les intérêts. »

A moins qu'on ait ouvert pour chacune de ces choses, des comptes
particuliers ; qui sont alors des subdivisions du compte de Pertes et
Profits.

« Non ! »

Il est plus régulier de passer par le compte de Marchandises Géné-
rales ; les rabais et les frais occasionnés par les Marchandises.

« Oui ! pourquoi avez-vous dit le contraire. »

Il écrit page 66.

Les dépenses, les loyers, les frais de bureau sont des pertes.

« Non ! nous l'avons déjà prouvé. »

Car il faut entendre par perte non-seulement la vente à un prix moindre que l'achat ; mais aussi tout anéantissement de valeurs, comme la nourriture, les habillements ; qui par l'usage se réduisent à rien : les sommes payées, pour loyer.

« Non ! mille fois non. »

« Tout par l'usage se réduit à rien ; faudra-t-il passer l'univers *aux* »
« *pertes :* la nourriture qui sustente votre corps, le vêtement qui le »
« couvre et le préserve, le logement qui l'abrite ne sont pas plus des »
« pertes, que les 100,000 francs dont vous pourriez hériter, et qui par »
« l'usage se réduiraient à rien. »

Je fais un héritage de f. 500 : c'est un pur bénéfice ; je crédite donc Pertes et Profits.

« Vous avez tort, Monsieur. «

» Êtes-vous dans le commerce oui ou non ? oui ; et bien ne portez au »
« compte de *Pertes et Profits* que les bénéfices ou les pertes de votre »
« commerce. Un *héritage* est une augmentation de *capital* ; créditez »
« donc le compte de *capital.* »

Il faut clore ici l'examen de ce traité élémentaire, qui lui, n'a pas besoin de *l'usage pour se réduire à rien :* avis aux conseils Royaux ou Impériaux de l'instruction publique.

— 1863 —

A. RIDOUX

TENUE DES LIVRES

PAR

A. RIDOUX

Au moyen de laquelle on connait tous les jours :

Le montant des marchandises achetées,
Le montant des sommes payées à compte,
Le montant des sommes restant à payer,

Le montant des marchandises vendues,
Le montant des sommes reçues à compte,
Le montant des sommes restant à recevoir ;

Enfin le montant de l'actif et du passif sans faire aucun travail supplémentaire et aucun relevé de comptes.

———

Voilà un programme magnifique.

Eh bien sans vouloir médire, sans prendre à tâche un dénigrement systématique, nous sommes forcés de faire savoir que ce n'est *qu'un moyen.*

En premier lieu mettons hors de cause, le *Brouillard,* le *Journal,* le *Grand-Livre* exposés par cet auteur : ils sont mal conçus, non pratique, sans principe.

En second lieu émettons notre inquiétude sur le *système* de tenue de livres adopté par lui : est-ce la *partie simple,* la *partie double,* la *partie mixte* ou une *partie synthétique ?* Cherchons.

Partie simple ; puisqu'il ne parle pas des *Comptes Généraux.*

Partie double ; puisqu'il porte toutes les opérations sur le *Journal.*

Partie mixte ; puisqu'il imite le système *Journal Grand Livre.*

Partie synthétique : on n'a jamais pu savoir.

Que le public juge.

Journal

Folios du Grand-Livre	DÉTAIL DES ARTICLES	Ventes		Recettes		Achats		Paiements	
	Vendu à crédit à M. Jules, nég^t à Lyon,								
	200^m de drap ord^{re} à 14 fr. le m. valeur en compte.	2800	»	»	»	»	»	»	»
	Vendu au comp^t à M. Jules, à Lyon,								
	100^m drap ord^{re} à 14 fr., fr. 1400 = Esc^{te} 2 % 28 »	1372	»	1372	»	»	»	»	»
	Acheté à crédit à M. Jean, nég^t à Elbeuf,								
	100^m de drap ord^{re} à 10 fr. le m., valeur en c^{te}.	»	»	»	»	1000	»	»	»
	Souscrit un Billet au 31 D^{bre} 1859, à Monsieur								
	Auguste, de fr. 5,000, reçus à titre de prêt.	5000	»	5000	»	5000	»	»	»

Mais les Frais Généraux par exemple , seront-ils ressortis dans la colonne des paiements ? Si oui, ceux-ci sont faussés dans leur but :

Montant des sommes payées à compte :

Si non, où seront-ils placés ; faudra-t-il une cinquième colonne ?

Mais une recette par héritage, sera-t-elle ressortie à la colonne des recettes ?

Si oui, celles-ci n'expriment plus.

Le montant des sommes à recevoir sur ventes :

EXEMPLES

Achats	Fr.	10,000 »
Paiements	»	5,000 »
Reste à payer	»	5,000 »

Eh bien non, car vous avez déboursé : Frais Généraux   »   1,500 »

Et votre colonne de paiements indiquera qu'il ne reste à
payer que la somme de   Fr.   3,500 »

Ventes	Fr.	10,000 »
Recettes	»	5,000 »
Reste à recevoir	»	5,000 »

Encore non, car vous avez fait un héritage   »   10,000 »

Et votre colonne de recette indiquera que vous avez reçu   »
en plus que la vente.   Fr.   5,000 »

Faudra-t-il une sixième colonne? et les rendus, etc?

Mais M. A. Ridoux a de plus ajouté, promis ; le moyen de faire connaître chaque jour :

Le montant de l'actif et du passif.

Sans doute il a voulu s'amuser un instant ; c'est dans son droit ; seulement il eut dû, par égard, informer son lecteur de ce besoin de dilatement de rate ; nous aurions ri ensemble.

Cependant si c'est sérieusement qu'il a cette prétention, avec son *Journal divisé :* nous ne rions plus alors.

La balance des colonnes d'*achats* et de *ventes* fera connaître le bénéfice brut ; mais l'*actif* jamais : renseignera sur la quotité de la perte ; mais sur le *passif*, allons donc. Est-ce qu'il ne faut pas au préalable :

Le chiffre des marchandises en magasin,

L'estimation du mobilier, du matériel,

Le chiffre des espèces en caisse,

Le chiffre des effets en portefeuille,

Le chiffre des effets à payer,

Le chiffre des emprunts,

Le chiffre des prêts,

Etc, etc, etc, etc, etc, etc, etc ;

Que sais-je le nombre d'et cœtera que telle ou telle situation peut susciter ?

Si l'auteur n'a voulu fournir le moyen que de connaître le montant :

Des marchandises achetées,

Des paiements et règlements faits,

Des marchandises vendues,

Des recettes et règlements acceptés ;

Point n'était besoin d'un tel luxe de colonnes.

Un livre de ventes,

Un livre d'achats,

Un compte général de débiteurs

Un compte général de créditeurs.

Suffisaient amplement pour parvenir à ce résultat.

Les livres d'*achats* et de *ventes* sont toujours d'urgence, et quant aux *comptes généraux* de débiteurs et de créditeurs, ils sont mis *à jour* par le procédé Pigier : *transcription directe des articles, des Brouillards au Grand Livre,* sans préoccupation du journal.

Mille observations seraient encore à faire ; ceux qui nous ont lu, peuvent suppléer à notre silence.

L. MOULIN-COLLIN

PETITE ENCYCLOPÉDIE INDUSTRIELLE

DE

M. L. MOULIN-COLLIN

Chef d'institution commerciale à Limoges

Ami lecteur déridons-nous un instant, car cette petite encyclopédie est désopilante

---

PARTIE SIMPLE

Le titre d'instituteur a toujours réveillé chez moi des susceptibilités plus grandes ; que celui d'auteur.

En effet, un auteur peut être lu, peut ne pas l'être ; ceux qui le liront auront déjà 20, 25, 30 ans, mais un instituteur c'est autre chose.

Ayant sous sa direction, sous son sceptre de très-jeunes intelligences d'autant plus malléables ; étant considéré par elles comme le Moïse qui les conduit à la terre promise ; accepté comme omniscient ; les principes vrais ou faux qu'il inculquera à nos enfants, seront ceux que principalement ils conserveront ; pratiqueront ; vous pourrez modifier cela légèrement avec le temps ; mais le fond sera pour jamais imprimé de cette première instruction.

Car dans l'enfance et l'adolescence seules, les impressions se gravent ; plus tard elles ne font que se photographier. *Exigez donc de l'amitié d'un enfant, qu'à 15 ans seulement, vous appelez près de vous.*

Examinons donc si nous serions en droit, de jeter le blâme à nos fils pour la faiblesse de leur intelligence comptable : connaissons une fois ce que les habitants de Limoges acceptent, donnent en pâture intellectuelle à leurs enfants.

C'est M. Moulin-Collin qui a la parole.

1° « *La tenue des livres est un art : la comptabilité est une science.* »

Une science qui donne naissance à un art : un art qui permet de créer la science. Autant dire que l'arithmétique est un art et l'algèbre une science.

Un chef d'institution ne devrait pas ignorer la loi qui préside à la reproduction : est-ce que ce M. en histoire naturelle, apprendrait à ses élèves que de la classe des herbivores, peut naître des carnivores ; que de l'ordre mis dans le règne végétal, on peut en extraire une conséquence autre que celle de l'intelligence, de l'expression végétative ?

Ce serait plaisant, mais faux.

La tenue des livres est à la comptabilité, ce que le contenu est au contenant : elle est la mathématique de la méthaphysique.

D'où il ressort que si il était admissible de parler art en ce sujet ; ce serait plutôt le contraire qui serait vrai.

La tenue des livres est la mise en pratique de la comptabilité.
La comptabilité est la quintessence de la tenue des livres.

Voilà, si j'étais professeur, ce que j'enseignerais à mes élèves.

2º « Ouvrir un compte, *ouvrir une tête* au grand-livre ; c'est consa- »
« crer sur ce livre un espace pour y établir un compte ; et en *tête* »
« duquel on met le nom. (L'auteur). »

Expression sauvage, qui ne se comprend ni ne se pratique en comptabilité. Est-ce que cet instituteur voudrait rendre agréable à ses élèves, l'étude de la science par des calembourgs ?

Où trouve-t-il la raison, à propos d'une ouverture de compte, *d'ouvrir une tête* ; pour le qualifier ou le personnifier, pour laisser l'espace nécessaire à sa qualification ou à sa personnification.

3º « *Page 11. En partie simple, pour avoir sa situation, un com-* »
« *merçant est obligé de faire un inventaire : en partie double, cha-* »
« *que mois quand il le veut, il peut obtenir sa situation sur toutes* »
« *les parties de ses opérations.* »

En partie simple tout aussi bien qu'en partie double, et je le prouverai à M. Moulin-Colin lorsqu'il le désirera, un commerçant peut obtenir la situation mensuelle de *chaque* partie de ses opérations.

Il ne s'agit pour cela, que de renvoyer aux antiquailles cet absurde Brouillard, contre lequel nous nous sommes insurgés depuis la première page de ce livre, et d'y substituer les brouillards catégorisés par opérations, modifications.

Achats, ventes, recettes et dépenses, etc., etc.

Mais s'il prétend obtenir mensuellement la situation, non *sur* toutes les parties, mais de toutes les parties de ses opérations ; c'est autre chose, il ne l'obtiendra pas. Pour cela il eut fallu qu'il adoptât le livre de marchandise, *système Milton.*

———

4° « Proposition n° 1ᵉʳ. *Vous destinez pour faire un commerce,* »
« *f.* 50,000 :

« *Pour constater ce fait ; vous créditez votre compte de capital.* »

« *Vous ouvrez sur le grand-livre une tête à votre capital.* »

Un instant, Monsieur le chef d'institution : en partie simple le *compte de capital* n'existe pas ; c'est pourquoi vous n'avez pas besoin de lui *ouvrir de tête* au grand-livre.

5° « Proposition n° 2. *Supposons que vous ayez été aux emplettes.* »

Lesquelles ?

Maraichères, potagères ou autres ? Laissez votre ménagère faire ses emplettes, et occupez-vous de l'*art* de la tenue des livres.

Mais c'est sans doute comme conséquence de cette idée d'emplettes, que vous ouvrez un compte et *une tête* aux dépenses de ménage.

Nous sommes en partie simple, cependant.

Vraiment il y aurait de quoi *perdre la tête*, si l'on voulait approfondir votre encyclopédie, chef d'institution ; et vous pouvez être assuré que l'instruction comptable de mon fils ne vous sera pas confiée.

GARNIER DE LANGRES

Nous sommes en 1815

TENUE DES LIVRES
EN PARTIE SIMPLE ET DOUBLE

PAR

N.-M. GARNIER DE LANGRES

Instituteur, Bachelier, teneur de livres, expert, arbitre

Avis de l'éditeur.

L'auteur a appliqué cette méthode à toute espèce de comptabilité par des principes certains et bien démontrés.

Nous le souhaitons : mais à voir les professeurs en 1863, nous doutons fort qu'en 1815, la question fut assez étudiée et expérimentée ; pour que ceux de cette époque aient pu parvenir à des principes certains.

Néanmoins, nous apporterons au coup d'œil rapide que nous allons jeter sur cette méthode ; toute l'aménité que comporte l'objet de nos études.

C'étaient nos pères, ces hommes de 1815, respectons-les : qu'aurions nous fait, dit ou écrit à leur place ?

L'avis de l'éditeur nous a déjà presque convaincu, que dans cet ouvrage doit subsister un travail sérieux, qui annonce l'étude.

Or, qui étudie aujourd'hui en *tenue des livres* ? sans doute M. Moulin-Collin qui l'appelle *art*.

On se présente légèrement au public avec une *balance perpétuelle* à la main ; avec le moyen de connaître *chaque jour*, ceci ou cela ; avec la prétention d'inculquer la science qu'on ne possède pas en 20 *leçons*, sans maître, et tout est dit.

Les éditions se succèdent, et notre génération abatardie, digère cette maigre pitance, au lieu de la rejeter à la face de ses pasteurs.

Un Raspail vient au monde.

Cet homme intègre passe sa vie en exil ou en prison. Des ignorants ou des charlatans ont seuls tous les honneurs ; et ils nous empoisonnent chaque jour.

Ignare en médecine ; mais guidé par la méthode de ce bienfaiteur de l'humanité, *je fais* à chaque instant des œuvres miraculeuses : et ma mère, assistée de trois *docteurs en médecine*, est morte d'une congestion cérébrale.

Un Proudhon apparaît.

Tout le monde se voile la tête et crie, allah ! allah !

Chacun se demande si l'heure est venue ; et nouveau pharisien penche intérieurement à sa crucification.

L'homme est né, la France a l'honneur de le compter parmi ses enfants : plus de pauvres, plus de crimes, plus de prostitutions, plus de ventes de chair humaine, plus de haines, plus de vengeances ; et tout ce que veut bien faire ce peuple français de 1863, pour fournir une issue à *la bonne nouvelle* ; heureusement encore.

C'est l'admission au corps législatif de M. Darimon.

Le maître on l'envoie en Belgique.

Osons donc maintenant rire des hommes de 1815.

L'ouvrage de M. Garnier, avons-nous dit, doit annoncer l'étude ; à en croire l'avant-propos de l'éditeur : et voici tout d'abord une preuve qui se présente.

Définition de la partie simple et de la partie double.

« Dans la partie *simple*, on n'ouvre des comptes qu'aux *personnes* »
« *seulement ;* dans la partie *double* on ouvre des comptes aux *personnes* »
« et aux *choses.* »

C'est une définition que nous aurions enviée, si nous ne l'avions trouvée déjà ; mais qui, d'après nous, n'en est pas moins la seule vraiment logique, la seule exacte. OPPOSITION DU SUJET A L'OBJET.

M. Deplanque, en vrai teneur de livres, fournit celle-ci :

Dans la partie simple, chaque article du journal ne présente que le nom du débiteur ou du créancier : dans la partie double chaque article présente le nom du débiteur et du créancier.

C'est incontestablement inférieur ; car le débiteur ou le créancier c'est sans cesse moi, et mon nom ne pouvant continuellement figurer sur les livres, je suis amené à *m'objectiver* dans des comptes généraux, catégorisant chaque nature d'opérations. C'est du moins la définition consacrée, d'où le mouvement perpétuel dans le cercle fatal, par une subtilité.

Or, je le répète, je n'ai à être représenté que pour mon *capital,* quelles que soient ses divisions ultérieures ; et par le produit *net,* la perte *définitive*; que l'utilisation plus ou moins heureuse, plus ou moins intelligente de ce *capital,* aura fourni en dernier résultatt

Puis page 41 de son traité ; voici que l'auteur a providentiellement rencontré la classification d'une *partie des comptes ;* et s'il eut poursuivi, il eut été bien près de découvrir la science.

Division des comptes.

« Ces comptes se réduisent à trois classes. »
« La *première* est composée des comptes du chef. »
    « *Capital, profits et pertes,* »
    « Dépenses, provisions, assurance. »

Il y a ici malheureusement adoption des frais généraux, avec les pertes, les profits et le capital : erreur que commettent tous les continuateurs des hommes de 1815 : mais aussi ce qu'il y a et qui se trouve rarement chez nos docteurs en comptabilité ; c'est cette lumineuse classification du compte de *profits et pertes* parmi les comptes du chef.

Capital et pertes ou profits.
Apport et cautionnement *d'un gérant.*
Pertes *qu'il supporte pour mauvaise gestion.*
Profits *qu'il retire d'une intelligente direction.*

Voilà les deux pôles ; la garantie, le commencement, la fin ; l'intérêt, l'aiguillon, la punition, la récompense, la pierre de touche ; la mesure, le contrôle, les moyens, la quantité, la qualité et la capacité.

Il est donc bien vrai que si M. Garnier n'a rien résolu en dernier ressort, son travail est sérieux, son sujet étudié. Il enseigne même la recherche de l'objet et des moyens ; il n'a failli qu'à celle des nécessités.

AD. RION

———

MÉTHODE FACILE

TRAITÉ SIMPLIFIÉ DE COMPTABILITÉ

PAR

AD. RION

« Jusqu'ici, dit M. Rion, on établissait dans les méthodes de tenues »
de livres, une division de : *cinq comptes généraux.* »

> « Marchandises générales.
> « Caisse.
> « Effets à recevoir.
> « Effets à payer.
> « Profits et pertes.

« Cette division n'est basée sur rien. »

« Il ajoute : nous ne voyons pas ce que le compte ouvert à la valeur »
« d'échange, *effets à payer* ou *à recevoir*, par compte, a de plus géné- »
« ral que celui ouvert à tel *individu* ; dont le débit si nous lui donnons »
« de la marchandise, ou le crédit si c'est lui qui nous en fournit, est une »
« *valeur d'échange* ayant cours *dans le commerce.* »

Que non pas M. Rion, le débit ou le crédit d'un individu n'est
pas :

Une valeur d'échange ayant cours dans le commerce.

Ce n'est que lorsqu'ils seront acceptés et signés qu'ils deviendront valeur d'échange ayant cours dans le commerce.

Puis ce n'est pas *l'usage* ni le *cours* qui font ou fait qualifier des comptes, *généraux* ; restons dans notre sujet, comptabilité ; et ne nous lançons pas dans les hypothèses : *général* ici ne veut pas dire seulement *pluralité*, mais réclame *objectivité* ; or, tel individu s'oppose à être objectivé.

Si vous vous étiez demandé ce que, au point de vue du commerce, le compte de *pertes et profits* venait faire dans la division des *comptes généraux* ; il y eut eu grande matière à discussion ; si acceptant comme M. Garnier de Langres, ce compte, comme faisant partie des *comptes du chef* ; c'eut été différent ; vous eussiez été fondé à dire :

> *Que la division des comptes généraux était mal faite* ; mais encore moi je ne vous eus pas admis à affirmer, en thèse générale, qu'une division de cinq comptes généraux n'était basée sur rien.

Bien au contraire : cette prescience, qui tout en permettant l'introduction d'un compte d'un autre ordre a toujours fixé le nombre des *comptes généraux* à cinq, est providentielle ; elle témoigne de la destination et de la consécration scientifique future de la comptabilité ; elle a été inspirée par la reconnaissance des faits, des échanges, du crédit, des moyens.

Ne mettez pas une main sacrilège sur l'arche sainte.

Vous ne voyez pas, Monsieur, ce que le compte, effets à recevoir ou effets à payer, a de plus général que celui de tel individu ? Mais vous n'admettez donc pas l'opposition du moi et du non moi, vous ne reconnaissez donc pas comme juste, l'expropriation pour cause d'utilité publique ; vous n'avez donc jamais entrevu la dissemblance du sujet avec l'objet ; vous ne comprenez donc pas enfin que vous, individu, particulier, personne, vous n'êtes pas une généralité ?

Vous êtes bien supérieur lorsque vous dites : « l'inconvénient réel » « qu'offre une division semblable, c'est l'espèce de similitude qu'elle » « donne au compte appelé *profits et pertes*, avec ceux des autres va- » « leurs d'échange ; puisqu'elle le classe au nombre de ces cinq comptes » « *soi-disant généraux*. »

Très-bien, c'est l'objection que nous réclamions de vous tout-à-l'heure ; vous auriez dû vous y arrêter, vous en satisfaire ; et alors comprenant que le commerçant est *créancier de son commerce ;* l'anomalie qui vous choque en ce compte, qui n'est que son émissaire, eut pour vous disparu lors d'une entrée au crédit, d'une sortie au débit.

Mais il est peut-être nécessaire ici, de se rendre compte de ce qu'est le compte de capital

Nul ne le sait, puisque nul n'en parle.

CAPITAL, qu'est-ce ? TOUT ET RIEN.

Tout, car c'est lui qui commande, donne, distribue à chaque compte ce qui lui incombe ; c'est à lui que les comptes comptables doivent.

Rien, car cette distribution faite, commercialement parlant, son rôle est terminé : achats, ventes, recettes, paiements, etc.; n'ont plus recours à lui.

Pour mieux saisir cette distinction, il faut revenir à notre définition des comptes.

Objets — Moyens — Nécessités

Or le compte de capital est-il l'objet du commerce que l'on entreprend ?

Sans doute non, puisqu'il est le sujet.

Est-il le moyen fourni pour atteindre le but que l'on se propose ?

Évidemment non, puisqu'il le fournit.

Est-il la nécessité impossible à éviter, la fatalité qu'on se résigne à supporter ?

Pas davantage puisqu'on peut rencontrer le cas où il serait possible de s'en passer ; puisqu'il a tout abandonné aux comptes de nécessités de ce qu'ils réclamaient ; puisqu'enfin il est tout à la fois objet, moyens, nécessités ; et qu'il ne peut être le tout et la partie, être la partie et contenir le tout.

Ceci une fois compris et admis, il sera facile de reconnaître ce qu'est le compte de Pertes et Profits ; quel est son rôle.

Intendant du sujet créancier, son représentant ; fonctionnellement il ira enregistrer : ce que *l'objet, le moyen, la nécessité* offrent de gains ou de pertes, de dépréciation ou de dépenses, en rendra compte au *capital* sujet en lui démontrant ce qui augmente sa créance ; ou en lui réclamant ce en quoi il devient débiteur.

Ceci est plus sensible dans les sociétés à dividendes.

Revenons maintenant aux principes posés par M. Ad. Rion.

« Quant à nous, dit-il, nous n'éprouvons pas plus de difficultés »
« pour appliquer au compte de *Profits et Pertes* la formule de classe- »
« ment que s'il s'agissait du compte de *capital*. »

Très-bien, nos explications étant données.

Mais en vous lisant on voit, que ce qui paraît éclairer la question,
n'est que vaguement pressenti par vous ; on pourrait même presque
affirmer, n'est qu'un accommodement à votre division des comptes : *le ca-*
pital n'étant pas mis à sa place.

Division des Comptes

« Tous les comptes dans la partie double doivent être divisés en deux »
« grandes classes ; dit l'auteur. »

« *Celle des comptes de commerce.* »
« *Celle des comptes de capitalisation.* »

« *Les comptes de commerce* constatent les diverses fluctuations qu'é- »
« prouvent les valeurs d'échange. »

« *Les comptes de capitalisation*, capitalisent le résultat des pre- »
« miers ; alors les équilibrent, les balancent. »

La lumière se fait.

Voici encore un professeur, qui a entrevu dans les comptes autre
chose qu'un mécanisme à tenir des livres : la classification qu'il en donne
appelle l'attention de l'homme d'étude ; élève, dégage, simplifie la

question ; on commence à trouver les éléments d'une révolution comptable.

Mais si théoriquement on peut admettre cette classification ; pratiquement, nous l'avons maintes fois démontré, elle n'est pas acceptable ; et la théorie ne doit pas être démentie par la pratique.

Les comptes personnels ne veulent pas être objectivés, entre autres.

Sans doute comme mécanisme, comme résultat prompt à obtenir ; un compte général de *débiteurs,* un compte général de *créditeurs* sont d'une bonne pratique et peuvent être préconisés ; mais cela ne peut ni ne doit les faire confondre avec les comptes *commerciaux* ou comptes de *commerce.*

Ceci posé, reconnaissons par l'examen de la distribution faite par M. Ad. Rion ; et alors que tout ce que nous venons de dire ne serait pas vrai ; que d'après les principes jetés par nous dans le cours de ce volume, cet auteur a forfait à la division des comptes, pour mieux dire à leur *qualification* :

Comptes de commerce.

Comptes de capitalisation.

L'idée de distinction existe cependant en principe, commerce et commerçant ; elle est mal appliquée, voilà tout.

Comptes de commerce

—

1° *Marchandises générales et ses subdivisions.*

2° *Toute valeur réelle d'échange, telle que meubles, immeubles, contrat de rentes, contrat à la grosse aventure, assurances, fonds publics, actions de commandite, part d'association commerciale ou industrielle.*

3° *Caisse.*

4° *Effets à recevoir et ses subdivisions.*

5° *Effets à payer et ses subdivisions.*

6° *Débiteurs ou créanciers.*

Comptes de commerce, nous le voulons bien ; mais en quoi meubles et immeubles sont-ils des *valeurs réelles d'échange ?* Assurances, fonds publics, contrat de rentes ; qu'ont-ils de commun avec le commerce ?

Vous êtes trafiquant de denrées coloniales ; en quoi avez-vous à faire marchandises de meubles ou d'immeubles ; que viennent signifier vos contrats de rentes ; que prétendez-vous faire de vos assurances ; par quel produit voulez-vous fournir vos fonds publics ?

Et vos débiteurs, et vos créanciers divers ; allez-vous les vendre, les échanger ou les acheter ? *Les comptes de commerce, avez-vous dit, constatent les diverses fluctuations qu'éprouvent les valeurs d'échanges :* en quoi ces deux comptes constatent-ils les diverses fluctuations qu'éprouvent les *valeurs* d'échange ?

———

Comptes de capitalisation

—

1° *Capital.*

2° *Profits et pertes.*

3° *Représentants du compte de* profits et pertes, *tels que* frais généraux, dépenses de maisons, *escomptes,* commissions.

4° *Balance de sortie.*

5° *Balance d'entrée.*

6° *Liquidation.*

Frais généraux, dépenses de maison, commissions ; en quoi représentent-ils le compte de pertes et profits ? Nous vous conseillons de les mettre parmi vos comptes de commerce.

Balance de sortie, balance d'entrée ; que et quoi capitalisent-ils ? Leurs titres n'expriment-ils pas surabondamment qu'ils ne sont rien que des balances ?

Liquidation, quel est ce compte ?

Nous terminerons là l'examen de la méthode de M. Ad. Rion : néanmoins nous recommandons vivement à nos lecteurs, l'étude attentive de ces nouveaux aperçus ; et particulièrement celle des pages 22 et 23, où l'auteur cherche à définir les comptes de *capital* et de *pertes et profits.*

Ce professeur aussi doit être considéré.

Nous atteignons la fin de notre tâche, en tant que critique générale. Un prochain volume consacré à la savante exposition de M. Pigier ; aux comptes de participation, de sociétés, de liquidation ; aux essais prophétiques de M. Monginot ; et nous n'aurons plus qu'à définir en quoi consiste la *comptabilité de l'avenir*, poser ses bases, démontrer sa simplicité et sa supériorité ; enfin faire comprendre comment elle peut fournir les moyens de résoudre des milliers de questions sociales encore en litige ; et insolubles sans elle.

On pourra alors sérieusement parler de budgets, d'organisation sociale, de gouvernement des peuples, de travail, de droit, de justice.

Pour le moment en guise de péroraison, occupons nous de M. Louis Deplanque.

Nous suivons cet auteur tout au long, nous l'avons réservé pour donner champ libre à nos critiques ; parce qu'il parle de tout, attaque tout ; parce qu'il est considéré, consulté ; parce qu'il fait autorité enfin.

Il semble qu'après lui il n'y a plus rien à dire ; nous démontrerons qu'il y a tout à recomposer, tout à apprendre.

[illegible]

LA TENUE DES LIVRES

EN PARTIE SIMPLE ET EN PARTIE DOUBLE

MISE A LA PORTÉE DE TOUTES LES INTELLIGENCES

POUR ÊTRE APPRISE SANS MAITRE

Par LOUIS DEPLANQUE

Encore une méthode pour laquelle le professeur devient inutile ; encore une que je mets bien au défi de comprendre, commentée même par tous les maîtres réunis.

C'est un gros volume, que M. Louis Déplanque expert près les cours et les tribunaux, a mis au jour ; mais il n'en est pas meilleur. Il dénote, il est vrai, une certaine érudition en la matière ; une pratique dans la haute banque ; mais des connaissances comptables, aucune.

Que le lecteur ne se lasse pas plus que nous à poursuivre l'examen de ces nouvelles élucubrations, qui seront les dernières ; l'étude est chose souvent aride, la science pénible à acquérir.

Mais quelle satisfaction il retirera d'un peu de persévérance, quels beaux résultats il obtiendra de ce laborieux défrichement. Nous ferons tous nos efforts pour rendre le voyage sinon plus agréable, mais du moins plus instructif que jamais il a été donné de le faire jusqu'à ce jour.

Le crédit, *voilà*, dit M. L. Deplanque, *qui amena la nécessité absolue de tenir des livres.*

Puis :

« On a créé bien des méthodes pour parvenir à ce but, on a fait »
« bien de le science ; on s'est rendu obscur et incompréhensible. »

« Et pourtant de quoi s'agissait-il ? »

« Oh ! mon Dieu, *de la chose la plus simple du monde* ; mais nos »
« docteurs tout bouffis de leur science, oubliaient une circonstance »
« presque insignifiante : C'est que leurs définitions étaient *erronées*, »
« leurs raisonnements insaisissables et leurs principes présentés »
« d'une manière inintelligible. «

« Ainsi donc, continue l'auteur, nous suivrons une marche tout »
« autre que celle de nos devanciers, et nous espérons arriver au terme »
« de la carrière qu'ils n'ont pu atteindre. »

C'est une rude tâche que vous entreprenez là, Monsieur ; c'est une bien grave responsabilité que vous assumez ; car vous devez le savoir, le public n'accepte pas d'œuvre avortée ; est impitoyable pour les sujets seulement ébauchés ; ne connait pas l'indulgence sous prétexte de bonne intention.

Songez donc : intelligible, saisissable, non erronée ; c'est supérieur pour une tenue de livres ; *et cela à apprendre et à comprendre sans maître.*

Necker, Laffite et tant d'autres, portèrent, ajoutez-vous, le titre modeste de teneurs de livres : par cela vous rehaussez avec raison une fonction, qui n'est pas gratifiée d'une haute considération ; et qui souvent est servilement représentée, vulgairement exercée : mais en attendant que

la science lui communique la dignité, et lui acquière l'estime ; tout en
espérant de la rendre *intelligible, saisissable, non erronée* ; serait-il
insignifiant qu'un auteur s'accordât avec lui-même tout en souhaitant
que tous les professeurs s'accordassent entre eux. Jugez-en.

« *Pour être apprise sans maître.* »

Voilà l'affirmation de M. Deplanque, dès le début : or page 4 de son
traité, il précise :

« Ils se tromperaient fort ceux qui, sans aucune connaissance du »
« commerce, de ses usages, de ses opérations, croiraient se dire »
« teneurs de livres en lisant un traité sur la matière. »

Ce n'est point nécessaire à imprimer ; qu'ils se tromperaient fort ceux
qui ; sans aucune connaissance géographique, physique, astronomique,
etc ; croiraient pouvoir se dire navigateurs en lisant, relisant, apprenant
un traité sur la navigation.

C'est bien pourquoi nous blâmons la prétention d'un frontispice, *qui
dispense de maître.*

Mais ceci n'est qu'une petite chicane, et laissant de côté cette affirmation
erronée ; entrons en matière.

Page 6 de son traité ;

« Ce professeur enseigne que le solde d'un compte, est la somme qui »
« manque dans l'une des deux colonnes appartenant à ce compte ; (débit »
« ou crédit ;) pour que le total en soit égal au total de l'autre colonne. »

*A cette explication, nous reconnaissons volontiers qu'il a suivi
une marche tout autre que celle de ses devanciers ; en a-t-il eu plus
raison.*

Ceux-ci eussent dit que le solde est *l'excédant du débit sur le crédit ou du crédit sur le débit :*

Ce qui légitime leur assertion, qu'un solde est débiteur, lorsque l'excédant est au débit; ce qui représente exactement ce qui manque au crédit; ce qui est conforme à la raison; car pour donner il faut posséder, pour solder il faut avoir un solde.

Cette démonstration est diamétralement opposée à celle de M Deplanque ; mais elle a l'avantage d'être vraie. En élevant à ses dernières conséquences la définition qu'il donne du solde d'un compte :

C'est la somme qui manque au crédit ou au débit;

On arrive à cette conclusion : que le solde manquant au débit, on se trouvera devant un solde débiteur ; tandis que c'est exactement le contraire, et que lui même enseigne

Que si le solde manque au débit ; on dit qu'il est créditeur.

Nous, nous enseignerons : s'il y a un excédant au crédit, c'est le solde, on dit alors avec raison qu'il est créditeur.

Pour terminer de ses préliminaires, l'auteur continuant à suivre une marche tout autre que celle de ses devanciers, prétend; que la *partie simple* ou la partie double convenablement appliquées, peuvent toutes deux satisfaire aux exigences du législateur.

Cependant tous ses devanciers et même ses contemporains ont abandonné la *partie simple* ; comme ne satisfaisant pas aux exigences du législateur. Mais une convenable application prouvera son assertion !

DE LA TENUE DES LIVRES

« On confond souvent la *comptabilité* avec la *tenue des livres;* »
« la signification de ces deux expressions est pourtant bien différente. »

« Le teneur de livres peut n'être qu'un homme *d'ordre*, de *classe-* »
« *ment.* »

« Le comptable doit être tout à la fois *administrateur, économiste,* »
« *financier.* »

Cela est utile, Monsieur Deplanque, de poser en principe que *tenue des livres* et *comptabilité* ne sont pas même chose ; mais cette distinction ne nécessite pas, pour se démontrer, l'explication de ce qu'est le *comptable* et le *teneur de livres.*

Tâchez donc de raisonner logiquement.

Les personnes ne nous occupent pas ici ; que sont les choses ?

Voilà ce que vous devriez distinguer ; pourquoi ne le faites-vous pas, vous l'ignorez donc ?

PARTIE SIMPLE

Le *Brouillard.*

Le *Journal.*

Le *Grand-Livre.*

Le *Livre de caisse.*

Le *Livre d'échéance.*

Le *livre d'entrée et de sortie de marchandises ou de numéros.*

Le *copie de lettres.*

Le *livre des inventaires.*

Tels sont les livres de la partie simple, d'après l'auteur.

En ceci il n'a pas suivi une marche autre que celle de ses devanciers ; et cette fois c'est grand dommage ; car il eut commencé sa nomenclature de livres, par celui destiné aux *inventaires ;* ce qui eut été logique, et vrai en pratique : il ne se fut pas embrouillé avec eux dans le stupide livre dit *Brouillard :* il eut placé en regard et avant celui *d'échéances ;* le livre *d'enregistrement des effets* : il eut enfin adopté un livre de *ventes* et un livre *d'achats*.

Mais voyons comment il entend confectionner ces divers registres.

Du Brouillard

Et bien non, il est inutile de ressasser à nos lecteurs, l'exposition que nous avons déjà rencontrée tant de fois ; c'est toujours même nullité pratique.

Quelques mots suffiront.

Le maître veut que l'on y porte autre chose que les opérations faites à termes : *oui s'il n'y avait sur ce livre que les affaires, c'est-à-dire les ventes ;* mais tout s'y trouve.

Il blâme les négociants de leur crainte de double emploi : *et ces négociants sont meilleurs logiciens que lui ; car ils feraient double emploi avec le livre de caisse, le livre d'enregistrement des effets, etc,*

Il s'appuie sur ce que la loi exige que toutes les opérations soient enregistrées successivement sur le *Journal ;* ne remarquant pas qu'il traite du *Brouillard :* esclave de la lettre il ne s'est pas aperçu qu'un livre d'achat, de ventes, de recettes, etc.; permettent la succession des écritures ; sans un mot de plus, sans double emploi.

Du Journal

—

« Copie du *Brouillard*, ces deux livres forment double emploi ; »
« mais le *Journal* conserve pour lui la supériorité d'être tenu avec »
« plus de régularité et de propreté : on se sert de la main courante »
« pour en rédiger les articles qu'on copie ensuite sur le Journal *à tête* »
« *reposée ; rectifiant au besoin ce que cette rédaction pourrait avoir* »
« *de défectueux.* Voilà ce que dit l'auteur. »

Principes posés peu intelligiblement.

A part tout ce que nous avons dit du Journal en général, des inconséquences des professeurs sur sa tenue en partie simple ; nous ferons ressortir que c'est précisément

cette rédaction primitive recopiée à loisir, à tête reposée ; cette
rectification permanente ; qui nous rendent adversaire acharné
du Journal ; *et qui nous font prétendre qu'il est le meilleur*
moyen connu, de falsification.

Un exemple entre mille.

Je veux faire faillite, et cependant rester possesseur d'une forte
partie de marchandises.

— Brouillard. —
Instantanément lors d'une vente, j'écris :
  500 kilos de café à   3. 50 fr. 1750 »

— Journal. —
A tête reposée, recopiant à loisir, je compose :
  574 kilos de café à   3. 05 fr. 1750 »

J'avais écrit la vérité lors de l'inscription au *Brouillard*, je mens et je
vole sur le *Journal*.

Qu'est-ce que M. L. Deplanque à tête reposée, pourra découvrir dans cette rédaction ; rien : car à 0, 70 centimes près et pour lesquelles il ne lui prendra pas fantaisie de chercher noise ; le total est exact.

Le livre de marchandises témoignera, si bon me semble, de la sortie de 574 kilos.

Paul, mon acheteur, ne fera pas parvenir de réclamation pour le montant de ce que l'on impute à son débit ; car le paiement qu'il aura à effectuer, sera également de la somme de fr. 1750.

J'aurai donc atteint le but que je me proposais ; j'aurai donc découvert le meilleur moyen de détourner de mon actif :

74 kilos de café, prix coûtant à 3 fr. 222, et cela pour une seule opération.

Qu'en pense le maître ?

M. Pigier, que nous verrons plus tard ; désire que le *Journal* soit supprimé : a-t-il tort ?

A quoi sert-il, aujourd'hui, avec les progrès de la calligraphie, chez nos jeunes gens : peut-il prétendre à être jamais aussi authentique, que le plus informe *brouillard* : les opérations prises et inscrites sur le fait, dans ce dernier ; n'offrent-elles pas la garantie la plus grande, n'évitent-elles pas les *rectifications de rédaction*, soit disant défectueuses ?

Les tribunaux, à défaut d'autres, en témoigneraient.

Prenons donc, une fois pour toutes, le *Journal* pour ce qu'il doit être : *centralisation du chiffre des opérations disséminées, sur des brouillards ad hoc.*

Grand-Livre

—

M. L. Deplanque y fait observer que les écritures se reportent du *Journal* au *grand-livre*.

Cette pratique n'a rien de neuf, de saillant ; et se refuse à la prompte exécution des comptes de débiteurs ou de créditeurs : reportez vos écritures au *grand-livre*, des *brouillards* ; ce sera le vrai et le seul moyen de surveiller journellement, les modifications qui à votre insu pourraient se glisser dans le crédit qu'on vous accorde ; dans celui que vous faites.

Essayez donc enfin d'être *comptable* et d'enseigner les mécanismes qui permettent la *comptabilité* ; évitez surtout de vous et de nous traîner dans l'ornière de la *tenue des livres*, et soyez autre chose qu'un homme d'ordre et de classement.

Lui dirons-nous aussi qu'il ne faut rien d'inutile et d'illogique sur les livres.

> *Que signifie au crédit d'un vendeur ;*
> *Que démontre à son débit*

Crédit. Janvier, 2. Sa facture de ce jour.

Débit.   Espèces, pour solde de sa facture.

Certainement que la facture de ce vendeur est de ce jour ; la date est toujours exacte ; il ne doit jamais en être autrement : surabondance de prolixité ; vous devez 100 francs, vous en payez 100 ; sans aucun doute c'est pour solde de ces 100 francs.

Du livre de Caisse

—

Nous n'apprendrions rien à nos lecteurs ; abstenons-nous.

Du livre d'Échéances

—

Que vient-il faire là avant le livre d'enregistrement ou d'entrée des effets.

Mais n'importe, voyons-le.

« On le dispose, dit ce professeur, de manière que la page gauche » « présente les effets à recevoir ; la page droite les effets à payer. »

On le dispose, lui est facile à enseigner, dans quel cas est-ce possible ? Voilà ce qu'il faudrait démontrer : sur cent maisons de commerce, quatre vingt-dix-neuf ne le pourraient pas : ou elles auront plus d'effets à recevoir que d'effets à payer ; ou le contraire : qu'elles disposent donc des livres alors.

Mais voyons à quoi pourrait aboutir cette disposition, pour le négociant.

« A calculer ses ressources, et les opérations de son commerce ; ré- » « pond fièrement M. Deplanque.

Que ne raconte-t-il ces balivernes aux habitants de la Laponie ? Cela ne lui permettra absolument rien, ne lui en déplaise.

Son négociant a fr. 50000 d'effets à payer à l'échéance du 15 avril 1864 ; il n'a d'inscrit sur son carnet d'échéances que 5000 francs d'effets à recevoir, jusqu'à la même échéance ; qu'est-ce que cela lui permettra de calculer : puis sur ces 5000 francs s'il y en a déjà 2000 de négociés ?

Si les effets à recevoir ne sont pas toutes ses ressources ? Si les effets à payer ne composent pas toutes ses échéances de paiements ? Si si, si.

Mais cela devient un des douze travaux d'Hercule que de réfuter de tels principes ; et nous le disons en toute sincérité : *le carnet d'échéances ne permettra jamais à un commerçant de calculer ses ressources.*

« Reste alors les renseignements sur les opérations de son com- » « merce. »

Hélas, pas davantage ; où l'auteur a-t-il vu que les opérations d'un commerce, se traduisaient toutes, par les effets à payer ou à recevoir ?

La vérité vraie, à extraire du carnet d'échéances ; c'est qu'il est d'une pratique supérieure pour l'information du négociant, en tant que mesures à prendre pour l'*échéance des effets à payer ;* mais quant aux *effets à recevoir,* il devient de la plus grande nullité et impossibilité d'emploi :

Est-ce que le portefeuille ne suffit pas amplement, supérieurement ; pour calculer les ressources que l'on a en cette valeur ? ce qu'il en reste de non encaissé, de non négocié ou escompté ?

Nous allons examiner, pour suivre ce professeur pas à pas le livre de *traites et remises* ou enregistrement des *effets à recevoir ;* cependant pourrait-il nous expliquer pourquoi il développe et sa composition et sa raison d'être ; alors que dans la nomenclature qu'il a donnée, des livres utilisés par la *partie simple,* il n'en parle pas. (page 155).

Du livre Traites et Remises

Ou de numéros des Effets à recevoir

—

Je cite : « les maisons qui reçoivent un petit nombre d'effets ; en »
« passent simplement écriture au *Journal*, ou l'effet reçoit son numéro »
« d'ordre. »

Monsieur, les écritures au Journal sont très-loin d'être instantanément
transcrites ; de plus une grande quantité d'articles peuvent avoir à s'y
trouver sans que le cas d'un effet à entrer se présente ; enfin un de ces
derniers, peut avoir vu le jour par complaisance ; peut être exposé à une
perte, une soustraction.

Que fournirez-vous pour parer à toutes ces situations, voir même à
une ?

Si folio, 1, de votre Journal vous entrez un effet à recevoir, et qu'il ne
s'en présente plus pour la même inscription, que lorsque jusqu'au folio 5
du même livre vous aurez eu à passer des écritures ; comment et avec
quelle recherche, découvrirez-vous le numéro d'ordre à appliquer au second effet ?

Si vous passez les écritures comme vous l'enseignez, et comme elles se
passent généralement ; où trouvera-t-on les éléments nécessaires à la
récomposition d'un effet perdu, volé ? Où prendra-t-on le nom de l'ac-
cepteur et son adresse, celui du souscripteur et son domicile ; la date de
la confection de l'effet ; et l'ordre de qui il a été créé, fourni ?

S'il est sorti le jour de son entrée, sans avoir la politesse d'attendre la
confection du Journal ?

Du livre d'entrée ou de sortie des Marchandises

Ou livre de numéros

—

« Ce livre spécialement destiné à rendre compte de ce que devien- »
« nent les marchandises achetées par le négociant, varie suivant le com- »
« merce auquel il appartient. »

« *En tout état de chose, il sera bien tenu s'il présente régulièrement* »
« *l'entrée des marchandises, leurs numéros d'ordre, la désignation* »
« *de la marchandise, la date de l'entrée, le prix d'achat ; la date de la* »
« *sortie, le nom de l'acheteur et le prix de la vente.* »

Tout en réservant les critiques de ce livre, pour les comparaisons qui
auront lieu dans notre prochaine publication, de tous les modes essayés
et usités jusqu'à ce jour à son sujet ; nous ferons néanmoins en ce moment ressortir deux choses.

La première :

C'est que M. L. Deplanque préconise son emploi, et que nous ne sau-
rions trop l'approuver dans cette circonstance : d'autant plus que la division qu'il en prescrit, est à peu de chose près irréprochable.

La deuxième :

C'est que le même y recommande des numéros d'ordre ; et que dans ses
écritures, il ne met pas ses recommandations en usage.

Examinons maintenant la théorie de ces livres, mise en pratique.

PRATIQUE DE CES THÉORIES

Brouillard. *L'éternel et unique brouillard.*

Journal. *La copie de cet insipide brouillard, et mieux et plus fort, de ces mêmes détails.*

Entre temps nous noterons que se conformant à la lettre de la loi ; l'auteur y inscrit toutes les opérations faites au comptant ; toutes celles ne se rapportant à aucun compte de correspondant, et conséquemment ne donnant pas lieu à une inscription du grand-livre ; quoique nous soyons en partie simple.

M. Milton n'y intercale, lui, que les transactions faites au comptant.

M. Orthier n'entend y placer que *certaines ;* toutes lui paraissant du superflu.

Qu'on sorte de là, si l'on peut.

Cependant ce n'est pas tout, car M. Louis Deplanque proclame que :

« *C'est une triste vérité ; mais qu'il faut bien dire pour qu'on ne* » « *l'oublie pas ; qu'une erreur peut se commettre en partie simple, et* » « *ne point se retrouver.* »

Puis plus bas :

« *Le risque des oublis, des erreurs, est si grand, si dangereux, si* » « *grave ; que cette méthode perd tous les jours de ses partisans.* »

Pourtant nous avons vu ci-dessus qu'il fait inscrire toutes les opérations, sur le journal de cette méthode ; et page 154, qu'il affirme que convenablement appliquée, elle peut satisfaire aux exigences du législateur.

D'où vient donc qu'y inscrivant tout, et l'appliquant sans doute convenablement ; il devient plus exigeant que le législateur, en la répudiant ?

Est-ce sans maître qu'il veut nous apprendre cette logomachie ?

Pour nous, nous le prions de consacrer cinq minutes à la lecture des pages 93 et 94 de ce volume ; et il y trouvera le moyen de retrouver les erreurs ; en partie simple : puis y découvrant la satisfaction du législateur ; il pourra appliquer convenablement et cette fois véritablement la tenue des livres.

Grand-livre. M. L. Deplanque a cotoyé ici le vrai, en adoptant l'usage du verso d'une page pour le *débit* d'un compte ; et le recto d'une autre page, pour son *crédit*.

Car le *grand-livre* doit être, doit contenir l'historique complet de telle ou telle personne ; les diverses fluctuations et transformations de son compte : et pour cela faire, point n'est de trop d'un recto et d'un verso entiers, appropriés à chaque débiteur ou créancier.

Mais, avons-nous dit, *il n'a que cotoyé la vérité* ; car si le format et la réglure qu'il donne aux pages destinées à l'ouverture des comptes ; permettent l'inscription de renseignements précieux, de documents inappréciables : il n'en a fait connaître qu'une faible partie ; et ceux qu'il fournit, le sont sans principe fixe.

Ainsi il détaille une facture d'achat, il ne détaille pas une facture de vente : il procure ici le numéro et l'échéance d'un effet, et là il s'abstient sur l'une et sur l'autre.

Nous signalerons, à ce sujet, un vide que l'on rencontre dans les renseignements que procurent les *comptes des Grands-Livres* ; chez tous les auteurs et professeurs en comptabilité, sans exception.

Il consiste :

1° *Au compte du ou des banquiers, en la non désignation des souscripteurs des effets à eux remis : et de l'échéance de ces effets.*

2° *Au compte des débiteurs, en la non inscription du nom du banquier auquel a été remis un effet ; ou de la destination qui a été réservée à l'un ou l'autre des effets reçus en paiement par le négociant.*

Cependant cela est de la première nécessité et de la plus haute comptabilité : en effet, un banquier accepte telle somme de valeurs sur un client ; un autre en reçoit plus ou moins : tel billet d'un acheteur a été remis à l'escompte, et tel autre fut encaissé, ou est échu, payé ; quoique négocié à la même personne à laquelle on veut en remettre un autre.

Jetons un coup-d'œil sur des modèles.

Carnet ou Livre d'échéances

Effets à payer en janvier 1842

Numéros	DATES de la SORTIE	TIREURS ou CONFECTIONNAIRES	LEUR DOMICILE	Ordre	Échéances	SOMMES à PAYER		Observations
	1842							
1	Janvier 22	Henri Martin	Dunkerque	S/O	31	16000	»	Payé

Carnet ou Livre d'échéances

Effets à recevoir en janvier 1842

Numéros	DATE de L'ENTRÉE		TIREURS ou Confectionnaires	CÉDANTS	ACCEPTEURS ou PAYEURS	LIEUX de Paiements DOMICILES	Échéances	SOMMES à Recevoir		NÉGOCIÉ ou ENCAISSÉ
1	Févr.	18	Baillon	Baillon	Baillon	Paris	31	1700	»	Encaissé
3	»	22	Chasseloup	Samuel	Beaumont	»	25	1500	»	»
4	»	»	Honoré	»	Honoré	Lyon	26	2600	»	Darcourt
5	»	»	Swiit	»	Harmann	St-Etienne	30	4000	»	»

Ces deux modèles examinés, nous réitérons à leur auteur la demande
de livres d'enregistrement des effets :

> *de la sortie pour les uns, puisqu'ils commencent par sortir ;*
> *de l'entrée pour les autres, puisqu'ils débutent par entrer.*

Par quel procédé a-t-il découvert les numéros d'ordre appartenant à ces
effets à payer ou à recevoir ?

Par le procédé de l'inscription au *journal*, d'après son enseignement ;
mais il y a déjà longtemps que les effets sont acquittés, ou encaissés, ou
donnés en paiement, lorsque la confection du *journal* peut avoir lieu ;
par les livres d'enregistrement ; mais faudrait-il au moins qu'il en parle
quelque part et qu'il les explique.

*Quand ces livres de série de numéros, n'auraient servi qu'à lui éviter
la sortie en janvier, au carnet d'échéances des effets à recevoir ; des billets
dont la date d'entrée au même livre, ne se trouve qu'en février de la
même année, où serait l'inconvénient.*

DE LA TENUE DES LIVRES EN PARTIE DOUBLE

—

« Il n'est pas un écrivain que nous sachions, (M. Louis Deplanque) »
« parmi ceux qui ont traité la matière ; qui ait défini clairement, sim- »
« plement et nettement : »·.

> « *Ce que c'est que la partie double,* »
> « *Ce que c'est que la partie simple,* »
> « *En quoi elles diffèrent l'une de l'autre.* »

Nous sommes de l'avis du maître ; il ajoute :

> « *Rien n'était plus essentiel.* »

A qui le dit-il ? Il continue :

> » *Il reste donc à fixer la valeur précise de ces deux expres-* »
> « *sions.* »

Tout simplement, enfin il annonce que :

> « *C'est ce que nous allons faire.* »

Nous verrons cela avec plaisir, nous dirons même, étonnement.

> « *Dans la partie simple, chaque article du journal ne présente que* »
> « *le nom du débiteur ou du créancier ; dans la partie double chaque* »
> « *article présente le nom du débiteur et du créancier.* »

Nous commençons déjà à nous accoutumer à la hardiesse de M. L. Deplanque, pour avancer une proposition difficile à résoudre : pour l'exposer

à une solution inévitable. Déjà, page 155, nous l'avons vu mettre en question sans pâlir ; la distinction à faire entre la *comptabilité* et la *tenue des livres.*

Mais déjà à cette même page il ne nous a pas fait constater qu'il résolvait aussi facilement les questions ; qu'il les posait.

Ici nous nous trouvons malheureusement en face du même ouvrage couronné du même insuccès ; c'est logique du reste. La corrélation absolue :

de la comptabilité avec la partie double ;
de la tenue des livres avec la partie simple ;

qui a été signalée par nous dans le cours de cet ouvrage, n'ayant pas frappé cet auteur ; il devait séparer en deux, chacune de ces faces de la question ; chercher à les expliquer sans critérium, et conséquemment n'y pas parvenir.

De plus il n'est pas le seul, comme il le croit, qui ait défini clairement, simplement, nettement : *le mécanisme* qui forme la différence de la partie simple à la partie double ; nous l'avons vu.

Mais démontrer ou définir un *mécanisme*, n'est pas dire ce que sont les choses.

Voici d'après nous ce qu'elles sont.

La partie simple est la mise en vue des opérations faites avec les personnes, et n'a pu être qualifiée que du titre de tenue de livres.

La partie double est la mise en vue des opérations faites avec les personnes, et de leurs conséquences sur les choses : ce qui permet de saisir la signification des opérations, leurs résultats, et de les diriger ; et ce qui l'a favorisé de la désignation de comptabilité.

Si la définition n'est pas irréprochable, du moins c'en est une.

Après avoir défini ce qui est le *mécanisme* de la partie double ; M. De planque en pose les règles.

— RÈGLE —

« L'addition de tous les débits des comptes particuliers est égale à »
« l'addition de tous les crédits des comptes généraux ; *moins le mon-* »
« *tant de ceux de ces crédits* qui ont pour contre-partie, un débit à un »
« de ces comptes généraux. »

« L'addition de tous les crédits des comptes particuliers est égale à »
« l'addition de tous les débits des comptes généraux ; *moins le montant* »
« *de ceux de ces débits* qui ont pour contre-partie, un crédit à un de ces »
« comptes généraux. »

« *Une vente ou un achat au comptant par exemple.* »

Première règle ; première exception qui l'infirme.

— RÈGLE —

« L'addition de tous les débits des comptes particuliers, *moins le* »
« *montant de ces débits* qui ont pour contre-partie un crédit à un des »
« comptes généraux. »

« L'addition de tous les crédits des comptes particuliers, *moins le* »
« *montant de ceux de ces crédits* qui ont pour contre-partie un débit »
« à un de ces mêmes comptes particuliers est égale à l'addition de tous »
« les débits des comptes généraux. »

« *Un encaissement ou un paiement fait par un voyageur.* »

Deuxième règle, deuxième exception qui l'infirme.

Quelle conséquence à tirer de tout cela? Qu'il eût été juste de dire :

L'addition de tous les débits des comptes généraux est égale à l'addition de tous les crédits des comptes particuliers ; moins, etc.

L'addition de tous les crédits des comptes généraux est égale à l'addition, etc ;

L'addition de tous les débits des comptes généraux, moins, etc.;

L'addition de tous les crédits des comptes généraux, moins etc. Ainsi de suite à perte de vue.

Dans l'absence de principes neufs à fournir au public ; il est plus loyal d'enseigner que :

En partie double les débits de tous les comptes doivent être égaux aux crédits.

Mais cependant il y a une intuition, dans les éléments mal coordonnés que procure cet auteur ; il y a une recherche dont il faut lui tenir compte.

En effet, il y a là deux règles mises en jeu qui demandent une solution, et qui donnent l'éveil pour des aperçus nouveaux. Franchissons l'espace et concluant sans péroraison, posons en principe :

La balance, l'excédant, le solde des comptes représentant le commerce, renseignant la comptabilité et exprimés par les comptes généraux et particuliers de la partie double ; est absolument égale à :

La balance, l'excédant, le solde des comptes représentant l'individualité, servant à la tenue des livres et exprimés par les comptes personnels de la partie simple.

Voilà une règle absolue et que nous ne craignons pas qui que ce soit, que quoi que ce soit, infirme. Mais qu'est-ce qu'elle prouve, si ce n'est un simple contrôle ?

Continuons à suivre M. L. Deplanque. Page 68 de son gros volume, il fait le panégyrique de la partie double, au détriment de la partie simple ; puis page 69 il se résume ainsi :

La partie simple est un commencement d'ordre qui laisse dans l'incertitude ; tandis que la partie double est l'ordre parfait qui conduit à la certitude.

Je vois d'ici ce commencement d'ordre qui laisse dans l'*incertitude* ; satisfaire, comme dit l'auteur, aux exigences du législateur ; j'ai acquis la *certitude* que l'ordre parfait contenu dans la tenue des livres, dite partie double, n'a été appliqué que dans les chiffres ; mais que la manière dont est enseignée et pratiquée cette méthode, laisse dans la plus grande *incertitude* en tant que renseignements comptables.

J'ai vu un actif de marchandises disparaître d'une comptabilité : un capital de 50,000 francs, alors que le négociant ne possédait rien : les dépenses de chefs de maison laissées au débit de leurs comptes, pour ne pas avoir à entamer fortement leur bénéfice, et permettre ainsi la balance de ces comptes au lieu de diminution ou d'augmentation de capital. *J'en ai vu bien d'autres.*

La tenue des livres en partie double est l'antithèse de la thèse posée par la partie simple : elle est la seconde étape qui mène à la synthèse.

Alors la comptabilité sera créée.

Du Brouillard ou Main courante

EN PARTIE DOUBLE

—

Une des premières notions que doit posséder à fond toute personne visant au titre de comptable, consiste en l'étude des moyens à découvrir pour diminuer, autant que faire se peut, les frais généraux de toute entreprise commerciale, toute administration.

C'est un principe que nous posons.

Que vient donc ressasser M. L. Deplanque en traitant de la partie double, avec sa pratique *du Brouillard?*

« M...., négociant en gros, place des Victoires, N° .., à Paris ; a été »
« amené par les nécessités du travail, par la multiplicité des transac- »
« tions de son commerce, par la grande quantité des recettes, des paie- »
« ments, des manutentions fiduciaires de son établissement ; à :

» 1° *Confier en totalité l'inscription des ventes qui s'effectuent chez* »
« *lui ; particulièrement à un employé qui sera dénommé par le fait* »
« *de cette fonction ; tribun ou débiteur.* »

Voilà le livre de ventes (Brouillard).

« 2° *Faire enregistrer les recettes en espèces ou en effets ; les paie-* »
« *ments, les dépenses, les négociations qui sont les conséquences des* »
« *opérations ; particulièrement par un autre employé qui, de plus,* »
« *ayant le maniement des espèces en caisse, sera qualifié du titre de* »
« *caissier.* »

Voilà les livres de caisse et des effets (Brouillard).

« 3º *Choisir et charger une personne très-apte en la fabrication* »
« *de la réception des marchandises, de leur vérification, etc. ; plus de* »
« *la transcription sommaire des factures des vendeurs sur un livre* »
« *particulièrement affecté à cet usage : cet employé sera dénommé* »
« *magasinier.* »

Voilà le livre d'achats (Brouillard).

N'allons pas plus loin.

Voilà trois livres qui, pour leur confection, réclament trois employés ;
maintenant ce qui importe, c'est la prompte, nous dirons mieux, la journalière exposition de la situation de chacun des comptes de personnes ;
dont les faits et gestes en achats, ventes, recettes, paiements, sont dissé-
minés dans chacun des livres sus divisés: pour cela il faut une quatrième
personne à qui incombera la fonction de confectionner ces situations
ou comptes, et de plus il faudra que M. ... exige de ce comptable, qu'a-
doptant la pratique de M. Pigier, il passe les écritures directement des
livres d'achats, de ventes, de recettes et paiement sur le livre des comptes
ou comptes courants ou grand-livre.

M. M... obtiendra ainsi une prompte exécution dans le travail, la possibilité de suivre pas à pas ses opérations avec tel ou tel, et le moyen de
suivre en temps les causes morbifiques.

Si ce négociant tient au Journal, il le fera confectionner par son comptable, entre temps ; journalièrement, hebdomadairement ou mensuellement ; mais sans qu'aucune écriture ne soit retardée ou entravée par sa
confection.

La possibilité d'établir le livre Journal à ses moments perdus, sans que
rien en souffre, permet au comptable de le tenir conjointement avec le
Grand-Livre.

M. M... subira donc les frais d'appointements de quatre employés ; en suivant cette marche d'organisation du travail. Voyons maintenant quels frais il supportera s'il adopte le procédé *d'un Brouillard.*

Mais auparavant examinons si la pratique en est possible.

« Une vente est faite ; *employé chargé de la confection du Brouil-* »
« *lard ou main courante, inscrivez-la,* et faites la facture ; puis sur- »
« vient un achat à porter sur ce livre, un paiement, une recette espèces, »
« une recette effets, un paiement par traites acceptées, des escomptes, »
« des rabais, des intérêts : *inscrivez, inscrivez, donnez les renseigne-* »
« *ments, prenez les adresses, notez les conditions ;* monsieur de la »
« tenue des livres, *plus vite encore,* et si tout cela arrive à la fois, »
« *dépêtrez-vous de là,* et surtout point d'erreur. »

Cela n'est pas tout ce qui peut se présenter ; il y a bien d'autres écritures.

Est-il permis de prétendre mettre en pratique et d'enseigner en théorie de pareilles monstruosités ; pour nous, nous mettons au défi toute l'armée des professeurs à nouvelles méthodes simples ou faciles, à exécuter sans maîtres et avec maîtres, de mener à prompte et bonne fin cette pauvreté comptable.

Mais le temps presse, soyons bon prince.

Admettons que la chose est faisable et reconnaissons la quotité des frais généraux qu'elle occasionnera.

« M. M..., place des Victoires, No .., à Paris, élève de la vieille école, »
« préférant voir écrouler son établissement plutôt que le principe, la »
« routine, la bétise, adopte l'exécution des écritures par le début d'un »

« seul livre de main-courante ; *après le choix d'un bon calligraphe* »
« *praticien expert en cursive, il le charge de la tenue de ce brouillard :* »
« il n'y a pas à dénommer cet employé, à moins que ce ne soit par la »
« qualification de brouillon. »

Plus, ce livre étant tout n'est rien.

Mais en quoi ce livre et celui qui le tient évitent-ils le livre de caisse,
d'effets à recevoir, d'effets à payer ; de crédits pour les achats et entrées
de marchandises ; en quoi conséquemment économisent-ils un employé
pour :

La caisse ou caissier,
Les marchandises ou magasinier,

Puis, par la multiplicité des écritures, l'employé *brouillon* est dans la
nécessité d'avoir un aide ; pour faire les factures et le seconder dans mille
détails ; ou sans cela il serait débordé.

Le tout donne déjà le total de quatre employés.

Reste maintenant la confection du *Journal* et du *Grand-Livre*, pour
lesquels une seule personne pouvait suffire par le système des mains-
courantes divisées ; mais ici l'auteur enseigne le report des écritures du
Brouillard au *Journal*, ensuite au *Grand-Livre* ; or si tout-à-l'heure le
comptable confectionnant *ce dernier* journellement, avait son temps et
ses loisirs pour établir le *Journal* ; il n'en est plus de même maintenant : il faudra un employé assidûment occupé à l'établissement du *Journal*, afin que la mise au courant du *Grand-Livre* ne souffre pas trop de
retard ; et un autre pour celui-ci, car il n'a pas à sa responsabilité d'attendre les loisirs du comptable ; la surveillance journalière nécessaire aux
intérêts d'une maison de commerce, s'opposant à ce que les renseignements soient procurés dans l'avenir.

C'est donc six employés qui seront nécessaires : l'économiste, le financier, l'administrateur M. L. Deplanque ; pense-t-il ainsi diminuer cette charge si grande au négociant, du personnel.

Son procédé est donc condamné par ce fait.

Mais il est deux autres points de vue que nous voulons faire ressortir : profitons de l'occasion.

Quelles situations offriront les comptes du *Grand-Livre* à l'examen intéressé du chef de maison ?

Des situations mensongères et destinées à compromettre gravement son crédit : c'est fatal, mais vrai.

La personne chargée du *Brouillard*, inscrit un règlement de compte de 20,020 francs, ainsi effectué :

Espèces.	fr.	2,020 » »
Billets souscrits par le débiteur.	»	15,000 » »
Effets endossés par le débiteur.	»	2,500 » »
Rabais pour tares :	»	101 60
Escompte 2 0⁄0 *s.* 19,918 40.	»	398 40
Somme égale.	fr.	20,020 » »

Ceci se trouve recopié au *Journal* ; et au *Grand-Livre*, le négociant rencontrera au crédit du compte du débiteur.

Par divers.   fr. 20,020 » »

Avec la méthode des mains-courantes divisées par opérations, le chef de maison saura que ce crédit s'est donné

Par Caisse	*espèces.*	fr.	2,020 » »
Par Effets à recevoir *à trois mois.*	»	17,500 » »
Par Rabais	*pour tares.*	»	101 60
Par Escompte. 2 0⁄0 *s.* 19,918 40	»	398 40
		fr.	20,020 » »

Pense-t-on qu'il sera mieux renseigné ainsi ? Sans doute, et il est impossible aux comptables de faire autrement puisque, pour dresser le compte de chacun au *Grand-livre*, ils sont amenés à prendre séparément chaque *Brouillard* : ils n'iront probablement pas perdre leur temps à réunir les articles incombant à chaque personne, et parsemés sur tous.

Mille cas de désastreux renseignements, de nul renseignement pourraient ici être exposés ; mais attendons que les professeurs mettent en doute la véracité de ce que nous avançons, l'efficacité de ce que nous préconisons.

En résumé nous tenons peu à des pertes de temps en discussion avec les maîtres ; si le public nous comprend et nous approuve ; cela nous suffit.

Le second point de vue à reconnaitre du pernicieux usage d'un *Brouillard* ; c'est qu'il oblige à de grands détails sur le *Journal* ; d'où travail, frais généraux ; ainsi que sur le *Grand-Livre*. Nous concédons toujours que l'exécution en est possible.

Passez les articles par journée, semaine ou mois ; ce sera toujours même chose : dix fois, vingt fois par jour : caisse à un tel, un tel à marchandises, divers à un tel ; au *Grand-Livre*, *aux comptes généraux* : dix fois, vingt fois par journée à un tel, à caisse, à divers : quel livre il faudra.

Mettez au contraire en usage l'inscription divisée par catégorie ; et vous passerez au *Journal* une fois par jour, par semaine ou mois, caisse aux suivants ou etc. ; aux *comptes généraux* une fois par journée, semaine ou mois, à divers, par divers : une ligne par mois si l'on veut.

A tous ces beaux enseignements succède la mise en pratique du *Brouil-lard*, du *Journal*, du *Grand-Livre* : la plus impraticable et impratiquée que nous ayons exposée jusqu'à ce moment, n'étant pas inférieure à celle de M. L. Deplanque, n'étant pas autre ; nous aurons égard à la fatigue du lecteur pour d'inutiles redites, surtout en cette matière.

Donc mutisme absolu.

Seulement pour l'édification générale rappelons les appréciations de ce professeur à l'égard de ses confrères ; appréciation déjà citée, page 152 :

« On a créé bien des méthodes pour parvenir à tenir les livres, on a » « fait bien de la science ; on s'est rendu obscur et incompréhensible. »

« Et pourtant de quoi s'agissait-il ? »

« Oh ! mon Dieu, de la chose la plus simple du monde ; *mais nos* » « *docteurs tout bouffis de leur science,* oubliaient une circonstance » « presque insignifiante : c'est que leurs définitions étaient *erronées,* » « leurs raisonnements *insaisissables* et leurs principes présentés d'une » « manière inintelligible. »

« *Ainsi donc nous suivrons une marche toute autre que celle de* » « *nos devanciers ;* et nous espérons arriver au terme de la carrière » « qu'ils n'ont pu atteindre. »

Malheureusement ce docteur bouffi de sa science, n'a pas suivi une marche autre que celle de ses devanciers ; et craignant sans doute de ne pas avoir été compréhensible, intelligible, saisissable ; il reprend la des-cription et définition des comptes *généraux.*

COMPTES GÉNÉRAUX

—

« On a compris que ces comptes représentent le négociant, ou, pour »
« mieux dire : pendant que les comptes particuliers représentent la »
« position du négociant vis-à-vis de ses correspondants ; les comptes »
« généraux représentent l'état de son commerce vis-à-vis lui-même. »

Nos lecteurs maintenant en savent plus que vous M. le docteur : quoique cette définition soit assez vraie.

Qu'est-ce que des comptes Généraux, et quels sont-ils ?
Qu'est-ce que des comptes Particuliers, et quels sont-ils ?
Suffisent-ils seuls à la classification des comptes ?
Page 14 et suivantes vous trouverez notre réponse.

Mais il n'est pas oiseux de faire remarquer à nouveau, que c'est à tort que l'on ne voit dans la comptabilité d'un commerçant ; *que la représentation de l'état de son commerce vis à vis lui-même.*

Membre infime de la société terrestre et travailleuse, il n'est plus rien personnellement, à proprement parler : l'individualité avait sa raison d'être dans les agglomérations anciennes, où chaque famille suffisait presque à la production de sa consommation ; mais aujourd'hui où chacun produit pour tous, la société a le droit et le devoir de lui demander compte de ses actes.

La collectivité le protégeant, l'aidant, lui ouvrant des débouchés, des crédits ; veut le surveiller par l'exposition de son commerce vis-à-vis elle-même, dans des comptes généraux.

DU COMPTE GÉNÉRAL DE MARCHANDISE

ET DE SES SUBDIVISIONS

—

« *Nous appelons marchandise, tout ce qu'on possède en meubles ou* »
« *immeubles* ; dit M. L. Deplanque ; soit avec l'intention de le revendre »
« avec bénéfice, soit avec celle d'en tirer un bénéfice quelconque »
« comme *loyer*, produit *ou de toute autre manière.* »

« *Ainsi une fabrique, une machine, un immeuble, un navire, les* »
« *meubles mêmes des magasins et bureaux sont,* commercialement »
« parlant, *et surtout au point de vue de la comptabilité* ; *aussi bien* »
« *marchandises que tous les objets* auxquels on accorde généralement »
« cette qualification. »

A priori, c'est faux.

Ce que l'on a soin de dénommer *meuble* et *immeuble*, ne peut être pour
le négociant même chose que la *marchandise* dont il trafique ; pour le
fabricant, que le *produit* qu'il livre aux consommateurs.

En droit, en législation ce n'est pas vrai.

Expert près les cours et tribunaux, n'avez-vous donc jamais lu votre
code ? sans démontrer que propriété, succession, mariage, séparation ;
tout enfin serait bouleversé. Ne savons nous pas que loyer, (voir la note A)
meubles, (voir la note A) immeubles, (voir la note A) commerçant, commerce ; (voir la note A) ne sont pas même chose.

En économie politique c'est contradictoire.

Loyer, est synonime de prêt à intérêt et non d'échange; travail, demande division, spécialité, responsabilité, force collective, réciprocité, égalité ; tout ce qui serait instantanément anéanti par la communauté, la confusion qu'intronise M. Deplanque.

En comptabilité c'est nul.

Bureaux, fabrique, machine, navire ne sont marchandise, *commerciale- ment parlant ;* que pour celui ou ceux qui en sont marchands, qui en font le commerce : sans cela comment établir pour chacun un compte de mobilier commercial ; comment distinguer ce que l'échange de ses pro- duits a rapporté, de ce que immeuble peut le faire bénéficier ou lui être onéreux ; pourquoi faire supporter au compte de marchandise, les dété- riorations inhérentes aux objets mobiliers et immobiliers ? *La comptabi- lité ne peut vouloir autre chose que ce que réclame le commerce.*

En finance c'est désastreux.

En administration c'est pitoyable.

Comment un administrateur de chemin de fer pourra-t-il prétendre à bonne solution ; s'il débute par la confusion du trafic avec le matériel ; s'il applique la dépréciation des gares, ponts, aqueducs, tunnels au trans- port des voyageurs et marchandises : comment pourra-t-il économiser ici, augmenter les prix là, ajouter, retrancher, etc. : et alors que seront les finances, que deviendra la sécurité de milliers d'actionnaires dans un pareil gachis. Mais développons ces axiomes.

Pour la satisfaction de cet auteur, disons lui qu'il n'est pas seul malheureusement, à confondre toute notion dans les actes de commerce.

Les jugements commerciaux à l'égard de lettres de change acceptées par des particuliers, des personnes non commerçantes ; le prouvent, hélas !

En deux pages nous venons de soulever des volumes de questions qui ne sont pas et ne seront résolues qu'ultérieurement : patience ; mais nous affirmons que pas une seule et bien d'autres ne seront abandonnées ; pas une seule échappera *à l'épreuve épurative de la comptabilité : administration, finance, économie politique, code en son entier : tout y passera.*

Je reprends mes applications.

Importateur de blés, cotons, huiles, sucres ou autres denrées et produits ; je me consacre à ce commerce et accepte nécessairement tout cela pour mes marchandises. Pour le transport je ne puis me dispenser de l'emploi de navires, c'est vrai ; mais il est inutile qu'ils m'appartiennent : ils représenteront pour l'usage que j'en veux faire ; *l'homme, le mulet, la voiture* moyens de transport sur un autre élément, nécessités pour le commerce, mobilier, compte particulier.

Du moment où ils sont ; ils se déprécient, demandent sans cesse réparation, jusqu'au jour et il n'est pas éloigné : où se détraquant de toute part ils s'engloutissent parmi les pertes.

Ces pertes m'auront été, me seront d'autant moins sensibles que j'aurai eu soin, chaque année, de les amortir par prévision ; elles seront légèrement modifiées par le quantum que j'obtiendrai des débris de ces moyens de transport ; mais elles ne seront pas moins.

Donc en plus de ma non intention d'en faire l'*objet* de mon commerce, l'évidence qu'ils ne me servent que de *moyens* de transport ; je suis forcé de reconnaître que je ne puis jamais en retirer un bénéfice, mais bien le contraire, comme toutes les nécessités commerciales.

Mes navires ne seront donc jamais pour moi marchandise.

Puis il me faut, pour le moins, *possession* des marchandises dont je fais le commerce , tandis que je n'ai absolument besoin que de la possibilité des moyens de transports, *qui seront la poss:ssion d'un autre nécessairement ;* conséquemment sa marchandise, s'il est constructeur de navires, son mobilier, s'il n'est qu'armateur.

AUTRE EXEMPLE

Vous êtes fabricant de feuilles d'étain, destinées à l'étamage des glaces, à l'enveloppe de chocolats, à la conserve des substances alimentaires, à la préservation des tentures d'appartements contre l'humidité, etc. Sont-ce les machines à vapeur permettant de laminer l'étain ou les chaudières dans lesquelles on le fondra ; *dont vous êtes fabricant ?*

Est-ce cela que vous produisez ?

Est-ce cette unité là que vous aurez à ajouter au prix d'achat ?

Ni les uns ni les autres.

L'étain en lingot ne compose même pas seul votre produit :

Il faut qu'il soit transformé en feuilles ;

Il faudra y ajouter les frais de fabrication.

Mais la fabrique en tant qu'amortissement n'aura qu'à être appliquée en diminution du bénéfice, pour sa dépréciation annuelle.

Vos fabriques ne doivent donc jamais être marchandises.

Vous ne pouvez vous dispenser de les occuper ; mais si l'étain doit être, pour le moins, *en toute votre possession ;* il ne vous est nécessaire que d'avoir l'usage de vos fabriques, il est inutile qu'elles vous appartiennent.

Elles peuvent être la *possession, la propriété* d'un autre si l'on veut ; et seront sa *marchandise.*

Oui je comprends, à cette dernière observation il me sera objecté par M. Louis Deplanque en confirmation de son axiôme :

Que le propriétaire a la possession de ses meubles ou immeubles ; donc que ce sont ses marchandises et que les loyers qu'il en tire doivent légitimement aller à ce compte. On aperçoit d'ici la réponse.

Si meubles ou immeubles sont sa marchandise, qu'il les vende, nul ne s'y oppose ; mais qu'il les loue jamais. Nous parlons ici commerce et échange : or, qu'échange le locataire ? Rien. Il fournit un objet consommable contre une autorisation, une chimère.

Il paie, paie encore, paie toujours et on le met à la porte : ce qui doit être rendu impossible, et le serait, si immeuble était marchandise au lieu d'être propriété.

Mais que dites-vous que l'exportateur, le fabricant n'ont nul besoin d'être possesseurs, l'un de sa fabrique, l'autre de son navire ; si le possesseur, le propriétaire ne peuvent faire que vendre ; m'opposera-t-on ?

Je dis que le fabricant, l'exportateur n'ont, à la rigueur, nullement besoin d'être possesseurs des moyens de transports qui peuvent être service public ; des bâtiments dont l'usage leur est nécessaire ; mais dont en fait ils ne doivent jamais pouvoir être chassés, et dont ils ne doivent payer le loyer que jusqu'à la quotité du prix de vente et de réparation : pas d'intérêts ou loyers éternels ; mais échange.

3me SITUATION

Nous venons d'examiner une situation où un négociant fait usage d'un objet mobilier, navire ; et une autre d'un immeuble, fabrique ; sans qu'il soit possible de leur imputer l'un ou l'autre de ces produits à titre de marchandises.

Examinons maintenant la valeur de la prétention d'un commerçant pour acte personnel de commerce ; et celle qu'on serait en droit, d'après M. L. Deplanque, d'imposer à un commerçant.

Un marchand en pelleterie achète à un fabricant de meubles, le mobilier destiné à son usage commercial : à l'échéance il ne peut payer le montant du règlement qu'il a fait ou accepté.

Dans l'espèce, d'après l'auteur, il doit être assigné devant les tribunaux de commerce ; puisque *les meubles même d'un magasin et les bureaux,* sont aussi bien marchandises que tous les objets auxquels on accorde cette qualification.

Et bien non, de par la comptabilité.

Le marchand en pelleterie n'a pas fait acte de commerce ; le mobilier qu'il a acheté n'est pas pour lui marchandise : ou il faut refaire la législation qui interprète ainsi cette transaction ou il faut que les juges s'enquièrent des motifs qui ont nécessité ce billet ou cette traite ; et renvoient aux tribunaux qui y compètent.

A moins que l'on préfère ne plus scinder le code civil et commercial.

4me SITUATION

« *L'intention de revendre avec bénéfice, ou seulement l'intention de* »
« *tirer un bénéfice quelconque, tel que loyer, constitue d'un immeuble* »
« *une qualité de marchandise.* »

C'est ce qu'a prétendu l'auteur.

Or il est propriétaire, rentier ; nous le supposons, ennemi de tout travail et s'occupant à ne rien faire. Le mobilier qu'il a reçu en héritage de sa famille est par trop rococo, et il prend la décision de s'en débarrasser ; avec intention de le revendre avec un bénéfice sur le prix d'estimation qui lui a été donné, à l'inventaire paternel.

De ce jour il passera donc de l'état de fainéant à l'état de travailleur, de celui de rentier à celui de commerçant ? Ceci n'a pas besoin d'être réfuté.

Mais s'il vend à un négociant, dira-t-on ? Dans cette hypothèse le dernier fera acte de commerce, *s'il est négociant en meubles ;* mais hors ce cas, alors même qu'il aurait acheté ce mobilier avec *l'intention* de le revendre un jour avec bénéfice ; il ne doit pas être considéré comme marchand de meubles. Ce serait aller trop loin que de fouiller dans les intentions.

Quant au bénéfice loyer, il faudrait remettre en discussion, toute la magnifique thèse de la propriété, si supérieurement discutée par M. P. J. Proudhon ; pour qu'il soit possible d'en traiter.

Qu'il suffise de dire qu'un propriétaire n'est pas un commerçant ; sa ou ses propriétés marchandise : puisqu'il ne les vend pas, ne les échange pas : que le loyer n'est pas affaire sociale, tel qu'il est compris ; mais fait ersonnel, individuel : privilége, non produit.

Députés, vous protestez sans cesse contre l'augmentation persistante du budget, contre son équilibre qu'instinctivement vous ne trouvez pas exact ; alors que les chiffres se présentent balancés. M'est avis que si parmi vous il ne se trouve pas d'autre comptable que M. L. Deplanque ; vous ne pourrez jamais découvrir la raison de vos instincts, discuter les éléments du buget.

Sincèrement je ne lui confierais pas la gestion de la fortune publique ; et pas davantage, l'organisation de la comptabilité de la France.

Il y a quelque jours, j'ai été désigné pour représenter à une assemblée de créanciers ; deux exportateurs anglais. Le débiteur demandait un arrangement d'affaire. Lecture fut naturellement faite de l'actif et du passif.

De quoi se composait le *passif* de cet homme ? On ne le croirait jamais : des créances de M^rs tels ou tels, de, etc ; *et enfin de six mois de loyers versés par avance* ; et imputables sur les derniers six mois de jouissance de son bail.

Voilà à quoi fait parvenir l'enseignement de la comptabilité en l'an de grâce 1864 : et cela sans maître. S'il y en avait, que serait-ce ?

Vous avez fr. 20000, de loyer annuel, et d'après l'usage vous en versez la moitié ; soit : fr. 10000, devant être appliqués aux derniers six mois de votre bail : les laissant de côté, vous payez régulièrement votre terme ; conséquemment voilà une somme qui vous est légitimement due, qui fait partie de votre avoir jusqu'au jour où elle sera acquise au propriétaire ;

eh bien, c'est faux : vous auriez au besoin à en revendiquer l'intérêt de ce dernier : cependant, de par la comptabilité, on vous enseignera que capital, et si c'est nécessaire, intérêts ; doivent figurer à votre passif.

Pourtant fr. 10000, sont une somme.

Donc qu'on se le tienne pour dit : la véritable comptabilité une fois trouvée, empêchera toutes ces dérivations ; s'opposera à toutes ces falsi-fications : administration, finance, économie politique, banque, législation, droit, justice, religion, famille, impôts, liberté, égalité, fraternité, tout ce qui est au monde enfin ; aura trouvé son critérium, son moyen d'être.

DE L'ESCOMPTE

—

« La plupart des marchandises sont achetées et vendues sous un cer- »
« tain *escompte*. De la différence des escomptes de l'achat à la vente ou »
« de l'époque des paiements, il résulte : que très-souvent on ne déduit »
« pas immédiatement du montant de la facture, c'est-à-dire de la va- »
« leur *brute* de la marchandise; *l'escompte* accordé ; afin d'obtenir le »
« montant *net* de la vente. » .

« Il s'ensuit que passant écriture de cette vente ; le compte *mar-* »
« *chandises générales* se trouve crédité du montant *brut* de la vente ; »
« et que l'acheteur se trouve débité en plus que de la valeur *réelle* de »
« la marchandise, de l'*escompte*. »

(Observation du maître, page 129.)

Cependant ce fait a beaucoup moins d'importance, que certains savan-
tasses ont voulu lui en donner.

« *La plupart des marchandises étant achetées sous un escompte* »
« *plus fort que celui qu'on accorde ordinairement à la vente ; ou tout* »
« *au moins égal : il en résulte une espèce de balance, et le bénéfice* »
« *brut que donne, à l'inventaire, le compte de marchandises générales* »
« *est à très-peu de chose près ce qu'il doit être réellement.* »

« Si M. L. Deplanque est satisfait de ces explications et de leur con- »
« clusion, tant mieux pour lui ; résumé de toute la routine des siècles »
« passés, ce qu'il vient d'énoncer est à démolir entièrement ; et il n'a »
« pas à s'énorgueillir de l'œuvre qu'il a conçue.

Ce fait a beaucoup plus d'importance que certain savantasse suppose,
et ne suppose.

———

CE QUE DOIT ÊTRE L'ESCOMPTE

Par rapport au commerce d'après nous

—

Qu'est-ce que l'escompte?

Perd-on ou gagne-t-on à l'escompte?

1° On escompte du papier chez un banquier, des factures chez un débiteur. *Il y a perte.*

2° On escompte les factures d'un créancier, les valeurs d'un créancier. *Il y a gain.*

En d'autres termes :

1° Des effets que l'on a à encaisser dans deux ou trois mois ; des factures que l'on a à recevoir dans deux ou trois mois ; sont cédés pour les premiers, acquittées pour les secondes afin d'en encaisser le montant de suite.

Pour profiter de cette avance d'encaissement, de réalisation en monnaie acceptée comme valeur faite ; il faut supporter une réduction proportionnée au temps que effets et factures ont encore à être valeurs non faites :

Cette réduction s'appelle perte à l'escompte.

2° On a à acquiter des effets dans deux ou trois mois; des factures à payer à divers, dans un ou deux mois; on solde les unes, on acquitte les autres de suite ; ce qui fait profiter les créanciers d'une avance de réalisation d'une valeur faite; d'encaissement.

Ils doivent donc supporter une réduction proportionnée à une avance d'encaissement.

Cette réduction s'appelle gain à l'escompte. Escompter.

Donc dans ces deux cas, *qui sont les seuls*, escompte est quelque chose :
à notre question :

> Qu'est-ce que l'escompte ?

Nous pouvons répondre, le voilà.

Avance de paiement d'une des deux parties; ce qui procure non illu-
soirement, gain ou perte.

Or de là il n'est que routine et fantôme, et ne se base sur rien étant
indépendant des paiements. La banque de France n'escompte qu'à trois
mois, et ce terme est pris pour modérateur type dans le commerce; or à
cette époque de paiement il est accordé; selon l'industrie, 2, 4, 6, 8, 10,
12, 14, 15, et 16 p. % d'escompte; pourquoi?

> *On ne sait pas.*

C'est l'usage de telle place ou de telle autre ; c'est tout.

> Pas de proportion.

Avançant votre paiement, vous l'effectuez à la fin du mois qui suit
l'achat, vous n'aurez pas à retrancher, comme il semble à première vue
deux tiers en plus de l'escompte accordé, mais seulement 2 %.

Vous faites avancer le paiement de vos acheteurs, pour qu'il s'effectue
deux mois avant le terme trimestriel accordé; il ne vous sera pas retranché *deux tiers en plus de l'escompte par vous bonifié*, mais seulement,
2 %.

Nous le répétons, voilà pour nous le véritable escompte, le seul, ces
2 % : mais il n'en est pas moins vrai que si pour trois mois l'on m'octroie
15 %, il me semble que lorsque je ne veux plus qu'un mois de crédit, on
devrait me bonifier 25 % s'il y avait proportion.

Notons donc pour la comptabilité de l'avenir; que l'escompte ne s'exécute qu'en dedans, en retranchant; et qu'il est une avance de paiement.

CRITIQUE DE L'EXPOSITION DE L'ESCOMPTE

Faite par M. L. DEPLANQUE

Par rapport aux faits

—

Maintenant que nous avons démontré ce que doit être l'escompte, ce qu'il est ; et que nous avons un niveau ; examinons la valeur pratique des instructions du maître.

« La plupart des marchandises étant achetées sous un escompte plus » « fort, que celui qu'on accorde à la vente; etc., a-t-il dit (page 191); le » « compte de marchandise est à très-peu de chose près ce qu'il doit être » « réellement. »

Ne lui en déplaise la marchandise à l'achat n'a pas de règle pour l'escompte, et il en est de même à la vente. La fluctuation entre ces deux pôles est subordonnée à la spécialité commerciale.

L'étain en lingots s'achète sous l'escompte de 3 °/₀, et se vend avec celui de 12 °/₀ en feuilles, etc.

Les plumes de vautours, d'autruches et autres, s'achètent sous l'escompte de 6 °/₀ et se vendent préparées avec 12, 14, et 15 °/₀: etc., etc., etc.

La soie, la laine s'achètent sans escompte ou seulement celui de 2 ou 3 °/₀ et se vendent manufacturées avec 15 °/₀ ; le papier dentelle avec 18 °/₀ etc.

Passons donc comme axiome, que :

La matière première s'achète sans escompte ou bonifiée de peu ; ouvrée elle se vend modifiée par un fort escompte, variant selon l'industrie.

Nous venons de voir qu'à sa naissance la marchandise se mettait en circulation, comme l'homme ; c'est-à-dire nue ; nous verrons que pour s'ensevelir elle opèrera de même, et comme lui.

Le point où nous l'avons arrêtée, est celui où d'ouvrée et manufacturée elle va être appropriée à l'usage de la créature, du consommateur. Là qu'y a-t-il à reconnaître? que la fonction, qui sert d'intermédiaire entre ces deux phases, est gratifiée d'escompte sans fondement ; et pour son service n'en accorde aucun.

L'intermédiaire c'est le marchand en détail.

A qui fait-il de l'escompte? à personne.

Il vend donc à échéance plus éloignée? au comptant.

Sans nous appesantir sur ce fait connu de tout le monde, enregistrons seulement que voilà la marchandise allant à sa consommation, son extinction, sa mort ; comme lorsqu'elle a pris naissance.

Nue c'est-à-dire sans escompte.

Nous aurons donc, en opposition à l'axiome de tout-à-l'heure, à poser celui-ci :

La matière première ouvrée s'achète modifiée par un fort escompte, selon l'industrie, et se vend pour la consommation, sans aucun escompte.

Comme corollaire nous pourrions ajouter :

A l'état de nature elle se vend au comptant.

Transformée, cherchant un lieu d'appréciation, elle accorde terme :

Défigurée, s'annihilant dans la consommation, elle n'accorde rien.

CONCLUSION

L'escompte tel qu'il est pratiqué n'a aucune base, doit être aboli dans l'usage banal ; et ne doit plus être qu'une avance de paiement,

CRITIQUE DE L'EXPOSITION DE L'ESCOMPTE

Faite par M. L. DEPLANQUE,

Par rapport à la comptabilité

Actuellement l'on sait ce qu'est l'escompte, et s'il est plus fort à l'achat qu'à la vente ou moins, ou égal, conséquemment s'il est vrai, comme l'affirme l'auteur, qu'il peut se balancer ; qu'il subit l'influence du paiement.

« Mais admettons pour un instant qu'il se balance à l'achat et à la »
« vente ; qu'il est subordonné à l'époque de paiement ; et qu'il n'y a »
« pas grande importance à ce qu'il soit sur le champ retranché du »
« prix d'achat ou de vente ; et interrogeons la comptabilité. »

« Concédons que l'intermédiaire n'est pas une fois de plus *condamné* »
« par sa conduite quant à l'escompte ; qu'il n'y ait pas complot, corpo- »
« ration organisés entre ouvreurs et manufacturiers, contre l'étranger »
« c'est-à-dire le consommateur ; et que production, consommation et »
« circulation ne sont pas les seules distinctions qui devraient en être »
« faites, en les reconnaissant égales entre elles ; tant dans l'escompte »
« à accorder pour avance de paiement, que dans le terme à gratifier »
« pour époque de paiement. »

« *Convenons enfin, si l'on veut ; que malgré que le nom de bonifi-* »
« *cation souvent donné à une avance de paiement, dans le commerce* »
« *et la reconnaissance déjà générale que cette dénomination implique,* »
« *de la banalité où est parvenu l'antique escompte : convenons qu'il* »
« *est encore quelque chose comme au bon vieux temps ; style roman-* »
« *tique ; et ne le retranchant qu'à l'époque des paiements ; enregis-* »
« *trons ces hauts faits, puis voyons si l'architecte de cette méthode ne* »
« *restera pas enseveli sous les décombres.* »

PREMIER EXEMPLE D'ACHAT

L'escompte balance, égal à l'achat et à la vente

Il est acheté sous l'escompte de 15 %, payables à trois mois, pour francs 600,000 de produits manufacturés.

Il est porté au débit du compte de marchandises générales, système Déplanque, fr. 600,000, au lieu de   Fr.   510,000

Or, une guerre d'Amérique arrive à ce moment: le négociant n'effectue pas de ventes avant l'échéance de ses achats, est forcé de ne pas effec uer ses paiements, tombe malade et meurt: *sa maison de commerce est déclarée en faillite.*

Examen fait des livres, il sera vu que les marchandises
en magasin ont la valeur de :   Fr.   600,000

Lorsqu'à leur liquidation faite par le syndic, *au comptant sans escompte*, selon l'usage, on en aura retiré frais de faillite et vente payés.   Fr.   450,000

Il y aura lieu d'être satisfait, puisqu'en réalité elles n'ont coûté que fr. 510,000: mais pour ce qui nous occupe le négociant sera au-dessous de ses affaires de   Fr.   150,000

Soit 25 % à distribuer en moins aux créanciers.

Eh bien, ce n'est pas vrai, créanciers, insurgez-vous, on vous induit en erreur, on vous vole: Fr.   510,000
est le prix d'achat des marchandises vendues.   Fr.   450,000

Il n'y a de perte et frais que   Fr.   60,000

soit 13 % environ: il y avait 1/4 tout-à-l'heure, maintenant 1/8 1/2 plus d'escompte à la vente qu'à l'achat, l'escompte se

Par contre le passif de ce négociant dressé d'après ses livres, se montera pour ce fait à la somme de   Fr.   600,000
et les créances affirmées ne s'élèveront qu'à   Fr.   510,000

Différence.   Fr.   90,000

DEUXIÈME EXEMPLE : VENTE

L'escompte balancé, égal à l'achat et à la vente

Les circonstances ont été, dans l'exemple ci-contre, poussées jusqu'à leurs dernières conséquences et inconséquences, avec intention : ici nous allons les porter à l'absurde.

Il est vendu sous l'escompte de 15 % payables à trois mois, pour fr. 600,000, de produits manufacturés augmentés de 25 0/0 pour bénéfice, soit :   Fr. 733,125

Or par suite de maladie, de fortune faite ou de mort, il y a lieu à cessation d'affaires, cession de fonds. Un acquéreur se présente.

Emplacement, clientèle, tout lui plaît ; il n'a plus qu'à reconnaître le chiffre des affaires.

Qu'est-ce qui le fera connaître ? le crédit de compte de marchandises générales où sont portées les ventes, et d'après le procédé de M. L. Deplanque, à la somme de   Fr. 733,125

Ce chiffre le séduit, il conclut le marché et est induit en erreur de   95,625

Escompte 15 0/0.

Depuis quand la comptabilité a-t-elle été créée pour voler le public ?

Mais, se récriera l'auteur, si le crédit du compte de marchandise où la vente, est exagéré de 15 0/0, le débit du même compte l'est aussi ; donc balancé. Néanmoins, lui répondrons-nous, cette balance induirait en une double erreur, comme nous venons de le voir ; et si l'achat et la vente s'étaient totalement accomplis, il y aurait encore, ici, fr. 5,625 de plus d'escompte à la vente qu'à l'achat : l'escompte se prenant pour la première sur le prix de sortie et non d'entrée.

Nous concluons donc ici :

« Les escomptes doivent être retranchés lors de l'achat ou de la vente. »

Nous aurions pu pour le second exemple faire ressortir l'opposé du premier, par celui d'une *faillite* ; nous avons voulu varier les situations.

Voici ce qui se serait rencontré.

Un actif offrant aux créanciers la rentrée de   Fr. 733,125

moins une créance perdue de, par hypothèse, net   Fr. 183,281

Reste   Fr. 549,844

soit le 1/4 ou 25 0/0

tandis que la vérité vraie est que cette somme de   Fr. 549,844

débarrassée de l'illusion de l'escompte, soit   Fr. 82,476 60

ne laissera plus subsister que   Fr. 467,367 40

soit le 1/3 + 1/4 environ ou 39 1/2 0/0

avec l'escompte les créanciers étaient encore couverts de fr. 510,000 leurs créances ; sans escompte ils ne le sont plus.

Dans le cas d'achat les créanciers erraient pour une perte simulée, plus forte qu'elle n'était.

Dans le cas de vente les créanciers errent pour une perte simulée, moins forte qu'elle n'est.

Dans le premier nous avons reconnu que le débiteur était à peine au-dessous de ses affaires ; et que les *créances acceptées* seront moins élevées de   Fr. 90,000

que ne le témoigne son passif.

Dans le second reconnaissons que le débiteur est de beaucoup au-dessous de ses affaires ; et que les *créances à recouvrer* se montent en moins de   Fr. 82,476 60

que ne le témoigne *son actif*. Nous notons donc :

« Les escomptes doivent être retranchés lors de l'achat ou de la vente, »

« sauf ceux qui véritablement méritent ce nom et qui ne s'accordent que »

« pour avance de paiement. »

TROISIÈME EXEMPLE : ACHAT ET VENTE
Escompte non balancé, plus fort à la vente qu'à l'achat

Ici le gâchis croît en proportion de la différence des escomptes; et pour les positions que nous avons examinées pages 197, 198, d'autant augmentées.

Les matières premières, début des opérations commerciales, s'achètent sans ou avec peu d'escompte, avons-nous dit, et se vendent manufacturées avec une bien plus forte bonification. Nous ne ferons donc que traduire les faits en acceptant les transactions suivantes.

Un négociant a acheté sous l'escompte de 3 0/0 pour la somme, n'en changeons pas, de   Fr. 600,000

il a vendu manufacturées ces matières premières, augmentées de 25 0/0 pour son bénéfice et de 15 0/0 qu'il aura à faire au paiement;

ce qui après déduction des 3 0/0 du prix coûtant donnera :   Fr. 836,625

Soit   Fr. 236,625

Voilà donc lors de l'inventaire, le bénéfice brut qui s'offrira à lui, en place de   Fr. 145,500

qui est le véritable dégagé des escomptes au débit et au crédit; ce qui monte l'erreur à   Fr. 91,125

Somme égale   Fr. 236,625

La comptabilité a donc été faite pour induire le négociant en erreur tant sur son chiffre d'affaires que sur son bénéfice brut? allons donc.

Enregistrons toujours :

« Les escomptes doivent être retranchés lors de l'achat ou de la vente. »

Ces conséquences sont outrées, s'écriera quelque mauvais praticien : je dis qu'elles sont atténuées.

Si c'était le bénéfice net qu'elles viennent annuler ?

Que supposerait-on de ce résultat ?

« J'ai vu, de mes yeux vu, un teneur de livres, homme de haute pres- »
« tance et de grande suffisance ; et soi-disant directeur de la comptabilité »
« d'une association assez importante ; j'ai vu, de mes yeux vu, deux »
« experts appelés à le seconder ; et tous les trois pâlir des jours entiers »
« sur les livres de cette maison de commerce ; à la recherche d'un »
« bénéfice que le gérant de l'association soutenait devoir exister. »

« *A eux trois ils ne pouvaient le découvrir.* »

« Ce gérant, point teneur de livres, était sans nul doute bon négociant ; »
« et de ses prix de vente, par rapport à ses prix d'achat, augmentés »
« de ses frais généraux, il avait conclu à un bénéfice ; et quand même »
« il en revendiquait. »

« *Il avait raison.* »

« Les trois praticiens, de guerre las, allaient jeter leur langue aux »
« chiens ; lorsque le moins intéressé à découvrir une erreur dans la »
« composition des écritures ; le teneur de livres de l'établissement : se »
« souvint qu'il avait omis de : »

« *retrancher des achats 15 0/0 d'escompte.* »

« que les fabricants vendeurs faisaient sur leurs ventes ! »

Qu'en pense M. L. Déplanque ? Accorde-t-il maintenant de l'importance à la non suppression de l'escompte ?

QUATRIÈME EXEMPLE : ACHAT ET VENTE

Escompte non balancé, plus fort à l'achat qu'à la vente

Les produits manufacturés s'achètent sous une bonification très-important et se livrent à la consommation sans escompte (page 195) :

De cela nous supposons qu'un négociant a acheté avec escompte de 15 0/0, toujours pour la même somme ; soit . . . . . Fr. 600,000
la consommation acquiert ces marchandises amplifiées de 25 0/0
taux que l'intermédiaire accepte rarement comme limite en
maximum ; déduction faite des 15 0/0, c'est . . . . Fr. 637,500

soit, bénéfice brut sur ces ventes . . . Fr. 37,500

Certes, ce négociant peut s'arracher les cheveux ; car pour peu
qu'il ait 10 0/0 de frais généraux ; ce qui sur fr. 637,500
d'affaires donne Fr. 63,750

il marche à grands pas à sa ruine et est en voie de causer celle
de ses créanciers puisqu'il est en perte sur ses marchandises de Fr. 26,250

Cependant ce commerçant est en bonne voie de bénéfice :
achats purifiés des escomptes ; fr. 600,000 moins 15 0/0 Fr. 510,000
Vente avec augmentation de 25 0/0 Fr. 637,000

Différence ou gain brut Fr. 127,500
Frais généraux 10 0/0 sur fr. 637,500 d'affaires Fr. 63,750

Bénéfice net Fr. 63,750

Le chef de maison allait tout-à-l'heure se suicider, maintenant nous lui démontrons qu'il peut doter sa fille.

Il n'en ressort pas moins de tout ce que nous avons étudié ; que s'il est méritant à un expert près des tribunaux, de découvrir la vérité au milieu, à travers de tels éléments de désordre ; il est mal à un professeur d'enseigner une telle pratique.

Nous nous laisserions bien dire que le compte de pertes et profits ou celui d'escompte, pour ceux qui emploient ce dernier ; contrebalancent les imperfections que nous avons signalées, et annulent les résultats que nous avons déduits ; cependant nous ne pouvons concéder cette illusion.

« On ne s'occupe pas de ces comptes, pour le chiffre d'affaires.

« On n'y songe pas, pour la somme d'achats.

« On l'ignore, pour trouver le bénéfice brut.

« Ils ne devraient avoir rien à faire, au bénéfice net.

« *Ils ne contiennent les escomptes, qu'aux paiements.*

Donc si à un inventaire, une faillite, une mort ; il y a fr. 600,000 de ventes ou d'achats ; ils peuvent parfaitement ne pas être réglés ou payés, ils peuvent ne l'être que de la moitié, du tiers, du quart : quel contrebalancement, quelle annulation possibles ?

Mieux, s'ils sont réglés ou payés, les écritures pour les bonifications peuvent être omises ; comme nous en avons cité un fait, donné une preuve.

Voici un chapitre bien long, que le lecteur nous en sache gré, il est important : cependant nous ne le clorons pas sans en examiner la contre partie.

Nous posons en principe que tous les règlements sont faits, tous les paiements effectués, des opérations exposées ci-contre.

Il n'en pressort pas moins de fait ce que nous avons étudié, que s'il en est ainsi.

Escomptes égaux à l'achat et à la vente

ESCOMPTE

Doit.   **Avoir.**

1864 Mai	1er	A Divers	95,625	»	1864 Mai	1er	Par Divers	90,000	»

Résultat : Fr. 5,625 *de pertes à l'escompte; et on a obtenu et fait* 15 °/₀.

Escomptes plus forts à la vente qu'à l'achat

ESCOMPTE

Doit.   **Avoir.**

1864 Mai	1er	A Divers	109,125	»	1864 Mai	1er	Par Divers	18,000	»

Résultat : Fr. 91,125 *de pertes à l'escompte;* et cependant il ne peut y avoir aucune perte, les prix ayant été augmentés de 15 °/₀.

Escomptes plus forts à l'achat qu'à la vente

ESCOMPTE

Doit.   **Avoir.**

1864 Mai	1er	A Divers		»	1864 Mai	1er	Par Divers	90,000	»

Résultat : Fr. 90,000 *de gains sur l'escompte; est-ce admissible alors que les* 15 °/₀ *qui forment cette somme, sont compris dans les* 25 °/₀ *qui composent le bénéfice.*

Supprimez les illusions d'escompte, tout ceci est anéanti ; et la comptabilité vraie.

Il n'est pas de si aimable société, qu'il ne faille quitter : et c'est après
quelques mots, ce que nous allons faire du traité de femme des livres de
monsieur Louis Deplanque.

Non que cet auteur se tienne pour satisfait de ce qu'il a écrit jusqu'à
ces pages ; car il en consacre encore de très-longues, concernant :

le compte de loye de Leipzig,
le d°   de voyage,
le d°   de navire,
le d°   d'immeuble,
le d°   de meubles et ustensiles,
le d°   de profits et pertes,
le d°   de capital,
le d°   de balance de sortie,
le d°   de prélèvement,
le d°   de créances diverses,
que sais-je encore ? comptes de société, participations, etc.

Nous avons déjà traité de beaucoup et terminerons dans un prochain
ouvrage ; mais il faut un repos à la tension de l'esprit, une relâche à
l'étude, de plus il faut le temps de s'escompter, à de nouveaux apperçus;
à des notions qui révolutionnent toutes celles acceptées comme vraies,

Je crois que l'on saura gré d'une halte.

Il n'est pas de si aimable société, qu'il ne faille quitter : et c'est après quelques mots, ce que nous allons faire du traité de tenue des livres de monsieur Louis Deplanque.

Non que cet auteur se tienne pour satisfait de ce qu'il a écrit jusqu'à ces pages ; car il en consacre encore de très-longues, concernant : .

> le compte de foire de Leipzig.
> le   d°   de voyage,
> le   d°   de naviré,
> le   d°   d'immeuble,
> le   d°   de meubles et ustensiles,
> le   d°   de *profits et pertes,*
> le   d°   de capital,
> le   d°   de balance de sortie,
> le   d°   de prélèvement,
> le   d°   débiteurs et créanciers divers ;

que sais-je encore ? comptes de société, participations, etc.

Nous avons déjà traité de beaucoup et terminerons dans un prochain ouvrage ; mais il faut un repos à la tension de l'esprit, une relâche à l'étude : de plus il faut le temps de s'accoutumer à de nouveaux aperçus ; à des notions qui révolutionnent toutes celles acceptées comme vraies.

Je crois que l'on nous saura gré d'une halte.

QUELQUES DERNIÈRES OBSERVATIONS

Comptabilité des sociétés par actions ; anonymes et en commandite

Ce n'est que d'une particularité dont nous allons nous entretenir ; puisque nous nous sommes formellement interdit dans ce volume d'étudier tout ce qui se rattache *aux sociétés.*

L'auteur dit page 473.

« Les actions donnent ordinairement droit à l'intérêt de leur valeur »
« nominale à 5 ou 6 0/0 ; plus à une part proportionnelle dans les béné- »
« fices annuels. Cette distinction *d'intérêts* et de *dividendes* nous paraît, »
« nous l'avouerons franchement, *n'avoir pas de sens commun.* Intérêts »
« et dividendes sont pris sur le bénéfice : les *intérêts* ne sont pas plus »
« garantis que les *dividendes* et ne sauraient l'être : tout est ici »
« *aléatoire.* »

C'est bien là le professeur qui a enseigné, que le compte de pertes et profits est composé des frais généraux, etc.

C'est bien le même qui confond les bénéfices que procurent les loyers d'immeubles ou leurs ventes, avec le gain commercial : qui d'une société ayant mal fonctionné et perdu sur ce qui fait *l'objet* de sa création ; fait surgir une société en bonne voie de progrès, parce qu'elle a falsifié sa gestion par des gains *aléatoires* sur des ventes de terrains.

C'est encore bien lui qui transporte les escomptes des diverses marchandises parmi les pertes ou bénéfices.

Toujours teneur de livres.

Certainement que intérêts et dividendes se prennent sur le bénéfice ;
mais les intérêts s'extraient d'abord de ce dernier et les dividendes après,
s'il en reste.

De cette similitude d'extraction est-il nécessaire de conclure à la similitude fonctionnelle?

Les intérêts ne sont pas plus garantis que les dividendes, prétendez-
vous ? Allez donc voir les cahiers des charges de sociétés de chemin de
fer, par exemple ; et vous nous direz après si le gouvernement ne garan-
tit pas l'intérêt de leur capital, à l'exclusion d'un dividende aléatoire ;
et vous y apprendrez qu'en 1865, nous paierons de ces intérêts garantis!

Un commerçant fait faillite ; il n'y a sans nul doute aucun bénéfice
en cette catastrophe? Il ne serait pas possible d'y trouver matière à dividende ? Croyez-vous que l'intérêt s'inclinera devant le malheur, qu'il
perdra ses droits du seigneur ? Vous le verrez bien.

Le syndic de la faillite, le juge-commissaire accepteront, affirmeront
toutes les créances de cette faillite, flanquées de leur intérêt : donneront-
ils un dividende?

Une manufacture a fait une mauvaise année, son résultat est perte :
espérez-vous que les associés renonceront à l'intérêt de leurs capitaux?
Misère. La perte sera plus grande s'il le faut ; le bénéfice, le dividende à
distribuer rendu plus impossible encore ; mais des intérêts s'il vous
plaît : il n'y a pas de profit? Entamez le capital, dut-il être dévoré en
entier.

Voilà ce qu'un comptable devrait savoir ; comment peut-il sans cela
espérer devenir financier, administrateur, économiste?

Il a une preuve plus évidente encore, un fait plus concluant : c'est
celui d'une formation d'entreprise.

Une société quelconque se forme pour l'exploitation de ceci ou de cela ; elle a plusieurs années de travaux à exécuter avant de pouvoir commencer son fonctionnement : donc en conscience a-t-elle un bénéfice quelconque, puisqu'elle ne fait que des dépenses ? Non, peut-elle distribuer un dividende ? Pas davantage affirmerait M. Deplanque : eh bien elle paiera les intérêts du capital emprunté.

Où prendra-t-elle l'argent nécessaire ? Demandez-le lui sur le capital.

Aussi savait-il bien cela le financier, ministre des finances, qui imagina une combinaison de *soult* ; mais ce qu'il n'a pas daigné dévoiler à toutes ces sentinelles avancées, à tous ces hommes honorés du titre d'expert en comptabilité, c'est :

Que pour satisfaire à cette furie d'intérêts de capitaux ; il absorbait une plus grande somme de capitaux.

De tout cela il faut conclure :

Que lorsqu'il y a bénéfice, gain, excédant ; il se distribue, se divise selon le diviseur, actionnaire ; devient dividende : mais que l'intérêt n'a rien de commun avec lui, qu'il ne faut pas les confondre ; et abriter les forfaitures du dernier sous la loyauté du premier.

Distinction en intérêts et dividendes est d'un bon pronostic pour l'avenir.

La controverse sur et contre l'intérêt des capitaux, si supérieurement élucidée par M. P. J. Proudhon, doit être acceptée.

Un dernier mot sur la comptabilité

La comptabilité n'a sa raison d'être que par et pour les faits d'échange ;
elle a consacré son existence par et pour eux, le jour de l'introduction
des comptes généraux dans son mécanisme.

Les comptes dont elle se compose, doivent donc être essentiellement
destinés à la coopération d'un but commercial ; l'échange.

La législation a reconnu cette fonction, en statuant sur la tenue des
livres qui doivent servir à la composition de la comptabilité.

*Elle doit donc être composée et divisée immuablement, comme il
suit :*

SUBJECTIVEMENT.

SUJET.   Apport ou *capital.*

MOYENS.   Clientèle, crédit ; *ou débiteurs, créditeurs, composition
                 du capital.*

NÉCESSITÉS. Capacité, économie, travail, etc. ; *ou pertes et profits.*

OBJECTIVEMENT.

OBJET.   Matière de l'échange, but de l'exploitation ; *ou marchan-
                 dises.*

MOYENS.   Espèces *ou caisse, effets à recevoir, à payer,* manutention
                 ou frais généraux.

NÉCESSITÉS. Supports, transports, etc. ; *ou meubles, navires, immeu-
            bles, usines, etc.*

SOCIALEMENT ET SYNTHÉTIQUEMENT.

INVENTAIRE. Délimitation de l'actif et du passif.

INVENTAIRE. Constatation d'augmentatif ou de diminutif.

Maintenant, chefs de maisons de commerce, d'usines, de fabriques ; exportateurs, importateurs ; banquiers, gérants, commissionnaires ; directeurs, entrepreneurs ; tous tant que vous êtes qui faites vivre la société, qui êtes la société ; c'est à vous que je m'adresse :

Il y a beaucoup de votre faute, si l'instruction comptable est généralement nulle : souvent vous tenez trop à distance vos employés, ou vous ne leur accordez pas la considération à laquelle ils ont droit ; vous ne les intéressez pas à la prospérité de vos opérations et transactions : et souvent, le plus souvent vous ravalez à leurs yeux, la fonction la plus belle, la plus intelligente, la plus nécessaire, qu'il soit donné de remplir dans la société du XIXᵉ siècle.

D'un autre côté vous n'exigez pas assez de vos teneurs de livres : il faut qu'il vous soit rendu compte non-seulement des chiffres, mais de la signification de ces chiffres ; que sans connaissance spéciale en la matière et sans recherches, vous soyez fixés chaque jour sur la situation de vos clients, par rapport à votre commerce ; de votre situation par rapport à vos créanciers : enfin, que chaque jour votre chiffre d'achats, de ventes, d'escomptes retenus, d'intérêts payés, de frais, etc., soient visibles à votre perquisition.

Tout cela vous devez le savoir.

Tout cela est facile à vous procurer,

Tout cela vous devez l'exiger,

Tout cela vous devez le faire

FIN

NOTE

A

Code civil

Livre II, titre premier, chapitre II, article 333

Le mot *meuble* ne comprend pas ce qui fait *l'objet* d'un commerce : (dites maintenant que meuble est marchandise.)

Code du commerce

Livre premier, titre premier, article premier

Sont commerçants ceux qui font leur profession *habituelle* d'actes de commerce : (remarquez : habituelle.)

Article 5

La femme, si elle est marchande, peut, sans l'autorisation de son mari, s'obliger pour ce qui concerne *son* négoce : (notez son négoce seulement ; non pour toute vente ou achat.)

Elle n'est réputée marchande que lorsqu'elle fait un commerce séparé : (il y a donc des distinctions.)

Titre VI, article 9

Le commerçant est tenu de faire tous les ans, sous seing privé, un inventaire de ses effets *mobiliers* et *immobiliers*, et de ses dettes *actives* et *passives* : (confondez après cela les *meubles* et *immeubles* ou nécessités avec les *marchandises* ou objet.)

Titre III, section I, article 30

La société anonyme est qualifiée par la désignation de *l'objet* de son entreprise : (non par les nécessités.)

Titre V, section I, article 77

Il y a des courtiers de *marchandises*, des courtiers *d'assurances*, etc.; (distinction, jamais confusion.)

Livre II, titre premier, article 190

Les navires et autres bâtiments sont meubles : (que M. Deplanque prétende qu'ils sont marchandises.)

Livre III, titre premier, chap. VII, section II, article 546,
et section III

Des créanciers privilégiés sur les biens *meubles* et *immeubles* : (on ne parle pas de marchandises.)

POST-SCRIPTUM

Nous eussions pu étendre nos critiques en exposant quelques diverses autres méthodes : c'eut été redire les mêmes choses, lasser l'attention et tomber dans le lieu commun de la critique pour la critique ; de l'art pour l'art.

Car le travail de MM. *Jules Gravade*   (1860)
                      E. Sénécal   (1863)
                      Edm. de Granges   (1860)
                      J. B. Queulin   (1840)

n'a aucune valeur scientifique, surtout celui du dernier ; et ne peut réclamer que la conscience qui a dû y présider.

Cependant M. P. A. Bochet auteur du :

Manuale di Computisteria Mercantile

publié à Venise en 1832 ; nous a fait trembler à la longue lecture de sa longue circulaire : nous avons cru au Messie.

Mais non, ses promesses ne sont pas remplies dans son ouvrage.

« Il paraît que c'est en bonne terre française que *la compta-* »
« *bilité de l'avenir* ; doit puiser les sucs de la simplicité, de la »
« clarté et de la logicité. »

Comptabilité de la France, elle deviendra universelle.

POST-SCRIPTUM

Nous essaions en étendre nos critiques en exposant quelques diverses autres méthodes : c'eût été redire les mêmes choses, lasser l'attention et tomber dans le lieu commun de la critique pour la critique ; de l'art pour l'art.

Sur le travail de MM. Tutes Granville   (1860)

E. Séneca   (1865)

Edms de Granges   (1860)

J.-B. Quetin   (1810)

n'a aucune valeur scientifique, surtout celui du dernier ; et ne peut réclamer que la conscience qui a dû y présider.

« Cependant M. P.-A. Bochet auteur du

Manuale di Computisteria Mercantile

publié à Venise en 1833 ; nous a fait trembler à la longue lecture de sa longue circulaire ; nous avons cru au Messie.

Mais non, ses promesses ne sont pas remplies dans son ouvrage.

« Il paraît que c'est en bonne terre française que la compta-
« bilité de l'avenir ; doit puiser les sucs de la simplicité, de la
« clarté et de la logique. »

Comptabilité de la France, elle deviendra universelle.

TABLE DES MATIÈRES

TABLE DES MATIÈRES